KB169721

착한 아이 버리기

착한 아이 버리기

초등교사의 정체성 수업 일지

송주현 지음

다다
서재

1. 아이들이 키우는 아이들

2. 타고나는 아이, 변화하는 아이

1

아이들이 키우는 아이들

승부욕 깨우기

초등학교 1학년 교육과정은 공부를 한다는 느낌이 거의 없다. 말하고, 듣고, 쓰고(국어), 셈하고(수학), 그리고, 오리고, 풀로 붙이고, 뛰고, 놀이하고(즐거운 생활), 어울리고, 공감하고, 판단하고(바른 생활), 알아보고, 따지고, 질문하는 (슬기로운 생활) 활동으로 채워져 있다. 공부에 대한 부담을 줄이면서 자연스럽게 지식을 쌓게 하려는 의도다.

그래서 그런지 아이들은 자꾸 '공부는 언제 하느냐'고 묻는다. 공부를 하러 학교에 왔고, 공부를 열심히 할 작정인데 선생님은 왜 공부는 안 시키고 놀이만 하냐고 따진다. 이제 공부도 할 만큼 컸다고 자부심을 느끼는 것 같다. 그래서 나는 일부러 '공부'라는 말을 많이 쓴다. 화장실 가기 공부, 물 마시기 공부, 장난감 정리 공부, 급식 먹기 공부.

쉬는 시간에 화장실 가는 공부를 하겠다고 하면 아이들은 내가 말하지 않아도 줄을 서려고 하고 급식실에 밥 먹으러 가는 공부를 하겠다고 하면 평소보다 밥을 더 깨끗이 먹으려 애쓴다.

그 덕분에 아이들은 공부가 별거 아니라고 생각하는 듯하다. 그럼 나는 한발 더 나아가 이런저런 주제로 발표하게 한다. 한 명씩 앞에 나와 '말하는 공부'(발표 습관 기르기)를, 나머지 아이들은 친구의 말을 '잘 듣는 공부'(학습에 집중하기)를 하게 한다.

이런 활동에서 단연 빛나는 아이는 말을 잘하는 아이다. 보고 들어서 아는 걸 말로 풀어낼 줄 아는 아이. 그런 아이는 친구들 사이의 대화를 이끈다. 당연히 동경의 대상이 되고 인기를 얻어 학급의 분위기를 만드는 아이가 된다. 모든 어른들이 바라는 이상적인 아이다.

모든 아이를 이런 아이로 키우면 좋겠지만, 쉽지 않다. 아이들은 그저 똑똑한 아이를 부러워할 뿐, 자기도 그런 아이가 되려는 생각은 잘 하지 않기 때문이다. 대화에 뛰어들어 말을 해야 실력이 늘 텐데 그저 피하려고만 한다.

교실에서 아이들을 격려하고 부추겨 소수의 똑똑한 아이를 상대로 당당히 논쟁하게 만드는 것이 바로 담임의 역할이다.

　한 아이가 어떤 말을 하면 다른 아이는 질문을 하게 해보았다. 질문이라는 형식을 통해 논쟁에 참여시키는 것이다.

　1학년 아이가 하는 질문은 두서없고 엉뚱하기 마련이어서 대화가 이어지기 어렵다. 질문이라기보다 대체로 시비 걸기에 가깝다. 일단 시비가 붙으면 상대는 지지 않으려고 온 힘을 다해 방어한다. 더 정확한 지식이나 논리를 끌어오는 것이다. 옆에서 보면 자못 치열한데, 이 과정에서 성장이 일어난다.

　3월 한 달 정도 공을 들인 결과, 우리 반 아이들은 모두 대화를 피하지 않고 저마다 목소리를 내게 되었다. 똑똑한 아이라고 해도 한 명이 대화를 오래 끌어가지 못하게 된 것이다. 나머지 아이들의 견제(시비를 걸기 위한 질문) 때문이다.

아이1　야, 니네 우사에 소 몇 마리 있냐?

아이2　128마리. 근데 토요일 되면 129마리가 될 수도 있어.

아이1 왜?

아이2 송아지가 곧 나오거든.

아이3 <공격> 야, 송아지가 토요일에 나오는지 니가 어떻게 아냐?

아이2 <방어> 우리 아빠가 그랬어.

아이3 <공격> 그게 정확하지는 않잖아. 일요일에 태어날 수도 있고.

아이2 <방어> 아니야, 우리 아빤 틀린 적 없어.

아이3 <공격> 야, 사람이 어떻게 안 틀리냐? 니네 아빠가 컴퓨터냐?

아이2 <방어> 우리 아빠가 배웠으니깐 안 틀리지.

아이3 <공격> 그래도 사람이 항상 정확할 수는 없어. 엄마 소가 알아서 낳느냐, 안 낳느냐에 따라 다르지.

어른의 대화에선 쉽게 넘어갈 것도 아이들의 대화에서는 사사건건 걸린다. 타고난 경쟁심 때문일까, 아이들은 아직 자기가 가장 똑똑하다고 생각하기 때문에(3월 한 달 동안 나는 아이들에게 '너희가 가장 똑똑하다'고 세뇌했다) 이제 친구의 독주를 두고 보지 않는다.

똑똑한 소수가 대화를 독점하고 교실 분위기를 좌지우지하지 않게 되니 대화는 더 풍성해진다. 다만 대화가 매끄럽지 못할 때가 많다. 가끔 논쟁이 격해져 감정싸움으로 번지기도 한다. 그럴 때마다 나는 살짝 끼어들어 대화의 전환을 유도한다.

> **아이2** <방어> 근데 토요일에 나올 가능성이 엄청 높아. 저번에도 우리 아빠가 날짜를 딱 맞췄거든.
>
> **아이3** <공격> 야, 잘난 척하지마. 니네 아빠가 틀리면 어쩔건데?
>
> **아이2** <방어> 안 틀리거든! 니네 아빠는 틀릴지 몰라도. 우리 아빤 안 틀려.
>
> **아이3** <공격> 우리 아빠는 소 안 키워. 택시 운전하잖아.
>
> **아이2** <방어> 야, 그러면 니네 아빠는 택시 운전할 때 사고 안 나냐?
>
> **아이3** 누가 사고 안 난대?

이렇게 대화가 맥락을 벗어나 감정적인 다툼으로 빠지면 내가 나서서 살짝 방향을 틀어준다.

나	얘들아, 근데… 송아지는 알에서 태어나지?
아이들	(일제히 나를 돌아보며) 헐. 송아지가 알에서 태어난다고요? 에이, 그건 아니죠.
나	아니야? 병아리도 알에서 태어나잖아.
아이3	선생님, 송아지는 엄마 배에서 태어나요. 제가 봤어요.
아이2	선생님, 소는 포유류잖아요. 포유류는 새끼로 태어나죠.
아이3	젖을 먹어서 포유류야. 책에 나와.
아이2	포유류가 척추동물이야. 내 책에는 그런 내용도 있어.
아이3	척추동물 아니야. 포유류라니까. 내 말 맞죠, 선생님?
나	포유류? 그게 뭔데?
아이2	소가 척추동물이라고요. 제가 책에서 봤는데 척추동물이라고 써 있고 소랑 북극곰 그림이 있었거든요.
나	그럼 맞겠네. 책에 나왔다며.
아이3	얘가 책을 잘못 봤을 수도 있죠. 한 번 보고 어떻게 알아요?

나	아, 그럴 수도 있겠네. 책은 여러 번 봐야 잘 알 수 있지.
아이2	그러니깐 지금 선생님이 딱 말해주면 되잖아요, 네?
나	그래? 그럼 내가 소한테 물어봐야겠네. 전화를 걸어볼까?
아이1	선생님, 또 모르니깐 그러는 거죠? 으이구, 속 터져!
아이4	야, 선생님이 모를 수도 있지. 너 왜 싸가지 없게 말해, 엉?
아이1	선생님이 너무 모르니까 그렇지. 야, 이제 우리 공부는 끝났어. 선생님도 모르는데 누구한테 배우냐? (가방을 내던지며) 에잇, 학교 괜히 왔어.
아이4	야, 선생님도 앞으로 책을 읽으시면 되잖아. 그럼 똑똑해져서 우리한테 공부 가르쳐주시겠지. 맞죠, 선생님?

아이들이 다투자 내가 또 개입해서 상황을 바꾼다.

나   아, 그러면 선생님이 척추동물이 뭔지 교무실
           가서 물어보고 올까?

아이4   안 돼요. 다른 선생님이 그것도 모른다고 흉보
           면 어쩔라 그래요? 창피하게.

아이2   하루만 기다리세요. 야, 니들도 하루만 기다
           려. 우리 집에 척추동물, 무척추동물 책 있거
           든. 내일 가지고 와서 보여줄게.

　　다음 날 아침. 아이가 꺼낸 책 주변에 아이들이 모여든다.
아이가 일일이 손가락으로 글자를 짚어가며 더듬더듬 페이
지를 넘기더니 소 그림이 척추동물 칸에 있는 걸 확인한다.
아이는 어제의 설움을 떨치려는 듯 호기롭게 말한다.

아이2   봐, 내 말이 맞지? 척추동물에 소 있잖아.

아이3   응, 인정!

　　논쟁 끝. 결말은 대체로 싱겁다.
　　이긴 아이의 자만이나 진 아이의 분노는 보이지 않는다.
승부에 대해 따지려고도 안 한다. 승부욕은 있지만, 아직 논
쟁에서 이기고 지는 것에 집착하지 않기 때문이다.

확인이 끝나자 책을 가져온 아이는 아무렇지도 않게 가방에 책을 넣고 아이들의 관심은 순식간에 놀이에 쏠린다. 아직은 놀이를 위한 선의의 경쟁 같다.

친구가 하는 말에 적당히 시비를 걸고 반박하는 건 단순한 다툼이 아니다. 아이들이 서로의 논리를 견제하고 방어하는 과정에서 숨어 있던 승부욕이 깨어난다. 자연스러운 학습이 일어난다. 공부인 줄 모르고 공부한 것이다. 성장하는 줄 모르고 성장하는 것이다.

선생님 마음 같아서는 책을 편 김에 무척추동물에도 관심을 가지면 좋겠는데. 내가 궁색하게 말을 이어본다.

나   근데 무척추동물은 또 뭐야? 꽃게 그림이 있는 거 보니 먹는 건가?

아이2   (책을 내 책상에 놓으며) 궁금하세요? 그럼 선생님이 읽어보세요. 야, 우리 그네 타러 가자!

아이고, 아직은 1학년인지라. 나는 어정쩡하게 책을 받아 들고, 아이들은 깔깔거리며 복도로 내달린다.

조금 늦된 아이

2학년 교실, 미술 시간.

바닷속 마을을 상상해서 그리는 시간이다. 시작하기에 앞서 나는 아이들에게 눈을 감고 그림을 구상해보라고 했다. 구상이 끝나자 아이들은 각자 뭘 그릴 건지 이야기한다. 새우, 고래, 꽃게, 조개, 잠수함, 오징어… 상상해서 그리는 그림이니까 말한 것들 외에 무엇이든 더 그려 넣어도 된다고 설명했다.

아이들이 그리기를 시작한다. 그런데 혼자 주변을 두리번거리던 선규가 내 앞으로 와서 묻는다.

"선생님, 상어 그려도 돼요?"

내가 대답하기도 전에 다른 아이가 끼어든다.

"야, 당연히 되지. 상어가 바닷속에 사는데 안 되겠냐?"

선규가 못 들은 척하며 재차 나에게 묻는다. 나는 조금 시간을 끌다 애매한 표정으로 답한다.

"상어? 상어가 바닷속에 사나, 안 사나…?"

그러자 아이들 사이에서 책 좀 읽는다고 알려진 아이가 말을 낚아챈다.

"헐. 선생님, 상어 몰라요? 상어 바닷속에 살아요. 제가 책에서 봤어요. 확실해요."

나는 이번에도 애매하게 답한다.

"선생님이 상어를 아직 한 번도 못 봤거든."

선규가 짜증을 내며 다시 묻는다.

"그니까요. 상어 그려도 되냐구요. 그것만 말해줘요. 빨리!"

"그려도 되지 않을까? 고래밥 과자에 상어 들어 있잖아. 얘들아, 고래밥 맛있지?"

알고 있는 과자 이름이 나오자 아이들이 웅성거린다.

선규는 안심한 표정을 짓더니 상어를 그리기 시작한다. 아이들 사이에 고래밥 이야기가 한소끔 끓어 넘쳤다 잦아든다. 다시 그림 그리기가 계속되나 싶었는데 선규가 또 앞으로 나온다.

"선생님, 그러면 미역… 그려도 되죠?"

그 말에 또 한 아이가 끼어든다.

"헐. 야, 당연히 되지. 미역이 바다에 사니까."

그 말에 선규가 발끈한다.

"야, 넌 상관쓰지(상관하지) 마! 내가 선생님한테 물었지, 너한테 물었냐? 선생님, 미역 돼요, 안 돼요?"

나는 이번에도 아리송한 표정을 짓는다.

"글쎄… 선생님이 미역을 못 봐서… 고래밥에 미역이 들어 있나? 안 들어 있나…?"

"아유, 고래밥에 미역이 왜 들어가요. 거긴 물고기 같은 게 들어 있는데."

"미역 바다에 살아요. 해수욕장에 미역 떠내려온 거 제가 봤거든요!"

다른 아이가 대신 답해줬지만 선규는 나를 몰아붙인다.

"그냥 선생님이 말해주라니깐요. 미역 그려도 돼요, 안 돼요?"

"야, 이선규! 그냥 니가 알아서 그려. 선생님한테 자꾸 물어보지 말구."

"야, 넌 상관쓰지 말라니깐. 나 진짜 몰라서 물어보는 거란 말야. 선생님, 빨리 말해줘요. 미역 그려요, 말아요?"

그러자 다른 아이가 외친다.

"선생님, 말해주지 마세요. 이선규 쟤 선생님한테 말 시킬라구 저러는 거예요. 지도 다 알면서. 선생님이 자꾸 말해주니깐 자꾸 말 시키잖아요."

그러자 선규가 억울한 표정을 지으며 말한다.

"아니야. 우리 엄마가 선생님한테 물어보라 그랬어. 진짜야."

선규가 수세에 몰리자 내가 나선다.

"아하, 엄마가 물어보라고 그러셨어? 그럼 엄마 말씀 들어야지. 선생님은 괜찮아."

"근데 왜 선생님은 딱딱 말 안 해주고 자꾸 모르는 것처럼 말하냐구요! 그냥 딱 말해주세요. 저 미역 그려요, 말아요? 빨리요!"

"흐음… 미역이라…."

"알았어요. 나 미역 그려요. 알았죠?"

선규는 내 말이 끝나기도 전에 결론을 내리더니 자리로 돌아가 크레파스를 야무지게 잡고 색칠한다.

◇◆◇

선규는 질문을 많이 한다. 하지만 대부분은 굳이 물을 필요가 없는 것들이다. 학급마다 이런 아이들이 몇 명씩 있다.

친구들의 시선은 호의적이지 않다. 자기는 이미 아는 것을 선생님께 일일이 묻는 친구의 처지를 이해하기에 2학년은 아직 어린 나이다. 아이들은 때론 냉혹하다. 괜히 선생님 관심을 끌려고 한다고 놀리기도 한다.

그럼 아이는 자연히 친구들의 중심에서 벗어나 겉돈다. 관계가 빈약해진다. 다양한 수준의 아이들과 어울려야 성장에 도움이 될 텐데, 자신과 비슷한 수준인 소수의 아이들과 주로 놀다 보니 성장의 기회를 잃고 퇴행한다.

이런 아이들은 교사의 눈에 잘 띈다. 또래보다 낮은 연령대의 행동을 보이기 때문이다. 이 아이들이 성장할 수 있도록 도와줘서 다른 아이들의 속도를 따라잡게 하는 것이 교사의 일일 것이다.

그렇다고 무턱대고 아이 편을 들어줄 수도 없다. 그러면 아이는 자기 방식이 옳다고 여길 것이다. 변화하려 하지 않고 현재에 안주하게 된다.

더 큰 문제는, 다른 아이들이 보기에 교사가 그 아이를 편애하는 걸로 보일 수 있다는 것이다. 그러면 아이들은 샘을 낸다. 같이 힘을 모아 그 아이를 공격할 수도 있다.

아이도 괜한 질문하느라 기운을 쓰지 않아도 되고 친구들도 굳이 시샘하지 않게 할 방법은 없을까?

가장 바람직한 건 아이가 질문하기 전에 먼저 스스로 생각하고 판단하는 연습을 하는 것이다.

아이가 생각할 시간을 벌어주기 위해 나는 질문에 바로 답해주지 않고 괜히 우스갯소리를 해서 시간을 끈다. 그러면 친구들이 깔깔 웃는 동안 아이는 잠시 생각을 할 것이다. 저학년 아이들에게 이런 방법은 가끔이나마 유용하다.

◇◆◇

그날 점심시간.

서너 명의 아이들이 운동장에서 비석치기를 하고 있다. 그리 멀지 않은 곳에서 선규가 혼자 놀고 있다. 나는 급식실에서 나오다 선규를 발견하고 아이들에게 데려가서 같이 놀 것을 제안한다. 아이들이 선규를 놀이에 끼워준다.

잠시 후, 아직 점심시간이 끝나지도 않았는데 놀던 아이들이 나에게 몰려온다. 선규도 어정쩡하게 따라온다.

"선생님, 진짜 짜증 나서 이선규랑 못 놀겠어요. 우린 다음부터 재랑 안 놀 거니깐 같이 놀라 그러지 마세요!"

선규도 목소리를 높인다.

"야, 니네가 먼저 나더러 빠지라며? 선생님, 얘네가 나만

하지 말라 그랬어요.”

“야, 이선규! 니가 규칙을 안 지키니깐 그렇지! 지가 금 넘어가놓구선. 선생님, 지금 이선규 뻥치는 거예요.”

“앞으로 우린 선규랑 안 놀아요. 쟤는 만날 지 맘대로 막 하잖아요.”

선규는 억울한 눈치다.

“저 맘대로 안 했어요. 쟤네들이 지네만 오래 하고 제가 할라 그러면 금 밟았다고 죽었다 그랬다니깐요. 진짜예요.”

“아니, 그게 아니라요, 이선규가 자꾸 금을 밟았다구요. 우리도 처음에 두 번은 봐줬다니깐요. 근데 계속 봐달라고 징징대잖아요.”

“야, 니네가 두 번 봐주니깐 그렇지. 내가 세 번 봐달라 그랬잖아.”

“야, 두 번도 많이 봐준 거야. 넌 양심도 없냐?”

“우리 엄마가 세 번까지는 괜찮다 그랬어. 진짜야. 우리 엄마한테 물어봐.”

그날 오후, 나는 선규를 불러서 아까 상어, 미역을 그려도 되는지 안 되는지를 정말 몰랐냐고 물어봤다. 그러자 선규는 알고 있었다고 대답했다.

"알고 있었어? 선규 똑똑하네. 근데… 알고 있으면서 선생님한테 왜 물었어?"

"선생님한테 질문했다고 엄마한테 말해주려고요."

"엄마한테? 그러면 어떻게 되는데?"

"엄마가 '알았다'고 하겠죠. '잘했다'고 할 때도 있죠."

"만약에 선규가 선생님한테 안 물어봤다면… 어떤 일이 생길 수도 있니?"

"안 돼요. 엄마가 선생님한테 꼭 물어보고 하라 그랬으니까요."

"그럼… 선규가 이미 알고 있는 걸 선생님에게 물어본 적이 또 있니?"

"네."

"아까 친구들과 비석치기 할 때 혹시 금 밟았니?"

"네, 조금요. 근데 많이 안 넘어갔어요. 진짜예요."

"아하, 그래서 친구들이 금 밟았다 그랬구나?"

"네, 근데 밟을 수밖에 없어요. 안 밟으면 돌이 저 끝까지 안 가니까요."

"근데… 금 밟으면 안 되는 규칙이 있는 모양이던데?"

"네, 그래서 딱 두 번밖에 안 밟았어요. 한 번만 더 밟으면 이길지도 모르는데. 애들이 막 뭐라 그러잖아요."

"이기고 싶어서 금을 밟았구나?"

"네, 이길 거면 하고 질 거면 할 필요 없다고 엄마가 그랬어요."

이미 답을 알고 있는 질문을 한 이유나 금을 밟은 이유가 엄마 말을 잘 듣기 위한 일이었다니. 이런 아이는 어떻게 만들어질까? 아이의 성장 환경을 들여다봐야 한다.

선규가 조금 늦된 아이라는 걸 깨달은 순간, 부모의 걱정은 시작되었을 것이다. 걱정의 밑바닥에는 내 아이가 남보다 뒤처질까 봐 불안해하는 마음이 있다. 선규가 늦된 건 다른 아이들이 이미 아는 걸 제때 배우지 못했기 때문일 것이다. 아이가 모르는 게 생길 때마다 교사에게 끈질기게 물어서라도 친구들을 따라가길 바라는 게 부모 마음이다. 부모는 선규가 학교에서 돌아오면 오늘은 선생님에게 얼마나 질문했는지 확인했을 것이다. 질문을 안 했다고 하면 야단을 쳤을지도 모른다. 선규는 엄마를 실망시키고 싶지 않은 마음에 나름 열심히 질문한 것이다.

문제는 선규가 질문 자체에 매달리는 것이다. 모르면 물어보라는 부모의 주문에 갇혀 소신껏 판단해보는 경험을 하지 못하고 사고의 유연성을 키우지 못하고 있다.

뒤처지는 아이에게 금을 밟아서라도 이기는 경험을 주고 싶은 부모의 마음도 이해할 수 있다. 하지만 그 결과, 아이에게는 이기는 것만 중요하다는 생각이 자리 잡았다. 이건 본성에서 나왔다기보다는 남들보다 잘하라고 주입받은 결과일 것이다.

아이들 세계에서는 규칙을 어기면 비난을 받는다. 규칙을 어겨서라도 이기려는 아이는 친구를 잃는 걸 감수해야 한다. 마음 여린 선규가 금을 두 번씩이나 밟는 건 쉽지 않았을 것이다. 아니, 한 번 밟는 것도 괴로웠을 것이다. 친구들이 싫어하니까. 그래도 밟아야 했겠지. 그렇게라도 이겨야 하니까. 엄마가 원하니까. 이겨서 엄마에 대한 애정을 증명하고 싶었을 것이다.

선규가 엄마의 요구에 응해주고 싶은 마음과 친구를 잃고 싶지 않은 마음이 비슷한 무게로 균형을 잡는 시기는 언제쯤일까? 친구들은 고학년이 되어서도 규칙을 어기는 선규를 받아줄까? 안타깝지만 아이들 세계에 그런 자비심은 없다.

선규 같은 아이들은 대체로 비슷한 행동을 보인다. 아이들 말에 의하면 선규는 이런 아이다.

"엉뚱한 말을 잘해요."(뜬금없는 질문을 하거나 상식적이지 않은 논리를 주장한다.)

"비석치기 하다가 죽었으면 자기 차례 올 때까지 기다리면서 다른 애들이 금 밟는지 잘 봐야 하잖아요. 근데 선규는 안봐요. 그러면서 옆에서 혼자 연습만 해요."(놀이의 흐름에서 벗어나는 말이나 행동을 하고 규칙을 따르지 않아 흥과 긴장감을 무너뜨린다.)

"우리가 웃찾사 흉내를 내면 아직 웃기지도 않은데 혼자 막 웃어요."(친구들과 제대로 소통하지 못해 상황에 안 맞는 반응을 한다.)

"제가 도화지랑 크레파스 가져올 테니 선규더러 뭐 가져올 거냐고 물었단 말이에요. 근데 선규가 자기도 도화지랑 크레파스 가져온대요. 자기는 색종이랑 가위 가져와야 되잖아요." (대화의 맥락을 짚지 못하고 친구의 말에 적절한 응대를 하지 못한다.)

"저랑 알까기를 했는데 선규가 졌어요. 근데 울어서 제가 한 번 일부러 져줬단 말이에요. 그런데 애들한테 자기가 이겼다고 막 자랑하잖아요. 애들이 선규한테 졌다고 저를 놀렸죠. 짜증 났죠. 지난번 2반이랑 축구할 땐 선규가 골 안 막고 저기 가 있어서 우리 반을 지게 만들어놨는데."(개인과 개인의 놀이에는 심한 승부욕을 보여 상대를 속상하게 만드는데,

단체 놀이에는 건성으로 참여해 팀을 지게 만든다.)

"선규랑 놀다가 제가 조금 화를 냈단 말이에요. 선규한테 미안하다 그랬는데 선생님한테 일렀어요. 쟤는 엄마한테도 잘 일러요."(친구들의 타박을 받을 때마다 교사나 부모에게 일러바치는 방법으로 친구들에게 앙갚음을 하려 한다.)

결국 아이들 또한 선규의 태도에 대한 보복으로 선규를 냉대하거나 교묘히 따돌린다. 선규도 나름 너희들과 친하게 어울리려 애쓰고 있다고, 하지만 어떤 상황에서는 선규도 의도하지 않은 결과가 나올 수 있으니 친구들이 기다려주고 차분하게 설명해주어야 한다고 아이들에게 가르치는 것이 교사의 역할일 것이다. 그러나 2학년 아이들에게 배려와 측은지심을 알려주는 일은 쉽지 않다.

선규의 대화 능력, 학습 능력으로 미루어 볼 때 지능이 높다고 할 수는 없지만 그렇다고 특수교육이 필요한 수준(IQ 70 이하)도 아니다. 서툴기는 하지만 놀이에 참여가 가능하고 심지어 승리 전략(이기기 위해 금을 밟으려는 생각)도 세우는 걸 보면 여느 아이들과 같다고 볼 수 있다.

아이의 희망을 승부욕에서 찾을 수도 있을까. 아이가 유일하게 자발성을 보일 때가 승부욕이 발동하는 순간이다. 승부욕은 내재한 본성이다. 살아남는 방편이자 마음을 보호하는 갑옷이다. 선규의 승부욕이 친구에게 미움을 받는 원인이 되지 않으면서 결기를 갖추는 도구가 될 수는 없을까?

◇◆◇

쉬는 시간.

선규와 놀던 아이가 식식거리며 나에게 온다.

"선생님, 거북이 바다에서도 살죠? 맞죠? 빨리 말해요. 지금 심각하단 말이에요!"

"거북이? 거북이가 어디에… 살더라? 거북이한테 전화를 걸어서 물어봐야…."

"아, 그렇게 말하지 말구요. 거북이 바다에도 살잖아요. 그런데 이선규 저게 자꾸 딴소리하잖아요."

"야, 나 딴소리 안 했거든. 거북이 땅에서도 산다 그랬거든!"

"뻥치시네. 지가 바다에서 못 산다고 하구선. 선생님이 빨리 말해줘요. 나 속 터질라 그래요!"

"알았어. 그럼 선생님이 딱 말해줄게."

"네, 빨리 말해요. 이선규 너도 잘 들어. 자꾸 우기지 말고. 알았지?"

상대가 너무 기세등등하자 선규는 풀이 죽어 내 눈치를 본다.

내가 '거북이는 바다에서 살 수 있다'라고 말하면 선규는 승부욕을 잃을지도 모른다. 교사 앞에서 패배한 경험이 상처로 남아 점차 친구들과 멀어질 수도 있다. 선규와 상대한 아이는 자신이 맞다는 걸 인정받는 것 말고 딱히 얻을 게 없지만 선규 입장에서는 어울려 놀 수 있는 친구 하나를 잃을 수도 있는 일이다. 아이들에겐 거북이가 사는 곳이 어딘지 아는 것보다 같이 놀 친구가 있는 게 더 중요하다.

아이들이 놀다보면 다툼은 생기게 마련인데 아직 해결 방법을 모르는 나이다 보니 사사건건 교사에게 달려간다. 문제는 이 시기 아이에게 교사의 말은 절대적이라는 것이다. 교사의 말 한 마디로 상황이 정리되면 아이는 다툼을 이어가며 자신만의 논리를 키울 수 없다. 아이가 성장할 기회를 교사가 빼앗는 것이다.

이럴 때 교사가 결론을 유보하고 시간을 끌면 다툼 열기는 가라앉는다. 그래서 나는 아이들이 다시 토론할 수 있도록 엉뚱한 소리를 하다 슬쩍 빠져나오곤 한다.

"아, 생각났다! 거북이는 나무 밑에 살아. 선생님이 책에서 봤어."

"헐. 거북이가 무슨 나무 밑에 살아요?"

"나무 밑에 살던데…? 토끼랑 달리기 시합도 했잖아."

내 말에 아이가 웃자 선규가 어이없다는 듯 웃으며 친구 편을 든다.

"아유, 선생님. 그건 옛날 얘기잖아요. 진짜가 아니라구요! 토끼와 거북이 나오는 이야기라고요. 진짜는 안 그래요."

"아, 맞다. 그럼 이번엔 진짜 정답이야. 거북이가 어디에서 사냐 하면… 바로… 바로…!"

"빨리 말해요. 쫌 있으면 쉬는 시간 끝난단 말이에요."

선규도 친구 편에서 교사를 압박한다. 요 녀석들, 드디어 한 편이 되었나보네.

"바로… 바로… 도시에서 살아. 선생님이 봤어. 엄청 빠르고 싸움도 잘해. 피자도 막 먹던데?"

"헐. 이번엔 닌자 거북이 말할라 그러죠?"

"오, 너도 봤어? 그거 엄청 재밌잖아. 얍! 얍! 하이, 호!"

내가 아이들 앞에서 닌자 거북이 흉내를 내자 두 아이, 더 이상 물을 것도 없다는 듯 돌아선다.

"아, 됐어요. 야, 가서 놀자."

조금 전까지 팽팽하게 맞서던 두 아이는 교사라는 공동의 적에 맞서 같은 편이 되었다.

아이들이 다툴 때 어른이 잘잘못을 가려주는 판사 역할을 할 필요는 없다. 매사 지나치게 질문하는 아이에게 일일이 나서서 대답해줄 필요도 없다. 적당히 모른 척하면 아이들은 어른에게 의존하지 않고 각자의 지식과 논리를 끌어와 잘잘못을 가리기도 하고, 답을 구하기도 한다. 그러다 막히면 다른 아이에게 도움을 청할 때도 있다. 그 과정에서 지식과 논리가 앞서는 아이는 두각을 나타낸다. 똑똑한 친구라고 인정받는다. 아이들은 이런 아이를 이상화idealization하며 따라 배운다.

선규 입장에서는 자기보다 성숙한 친구들이 모두 이상화의 대상인 셈이다. 그래서 가능하면 자주, 많은 친구들과 어울리게 해줘야 한다. 학교에서는 다양한 친구들과 어울릴 수 있게 엮어주고 집에서는 친구들을 초대해서 함께 놀 기회를 주는 것이다.

조금 늦된 아이를 키우는 건 역시 친구들이다.

아이를 바꾼
한순간

　내가 대영이를 만난 건 20여 년 전, 어느 공단 근처 학교에서 2학년을 담임할 때였다.

　운동장까지 쇠 달구는 냄새가 나고 수업 시간에도 크레인 작동음이 창문을 두두둥 흔들던 동네. 아이들은 학교 담장을 따라 늘어선 화물차 사이에서 숨바꼭질을 하며 놀았다. 학급 아이들의 보호자 대부분이 공장 노동자였다. 대영이처럼 다문화 가정 아이도 많았다.

　학년 첫날부터 대영이는 말이 없었다. 나와 시선을 맞추려고도 하지 않았고 적당히 피하면서 스스로를 숨기려고 했다. 1학년 때 담임을 했던 교사 말로는 말을 거의 하지 않았단다.

같은 골목에 사는 아이들에게 물어보니 어쩌다 말을 하긴 한다는데 못 알아들어서 다시 물어보면 아예 입을 닫는다고 했다. 우리말이 서툰 아이가 대체로 그렇듯 어눌한 발음을 친구들이 놀릴까 봐 그러는 모양이었다.

며칠 지내며 아이를 지켜보니 그럭저럭 필요한 말은 알아듣는 것 같았다. 눈치가 빨라서 내 표정만 보고 상황 파악도 잘했다. 글씨도 또박또박, 종이접기 할 때는 제법 야무진 손끝이 보였다. 하지만 여전히 친구와 시비가 생기면 조곤조곤 말로 풀기 어려운지 소리를 지르고 서럽게 울어버리곤 했다. 듣기와 쓰기가 안 되니 학업 능력이 낮고 친구들과 관계도 불편했다.

4월이 되어 상담 주간이 되었다. 보호자 대부분이 상담을 신청했지만 대영이 부모님은 신청하지 않았다. 가끔 상담 신청을 안 하는 분들도 있으니 이상한 건 아니었다. 상담을 안 간다고 해서 아이가 잘못 자라는 것도 아니니까. 하지만 대영이는 보호자 상담이 필요할 것 같았다.

아이 문제로 굳이 오시라고 하면 부모님을 언짢게 할지도 몰라 고민이 되었다. 이럴 때 나는 일단 전화를 거는 편이다. 목소리로라도 먼저 인사를 하고 나서 "상담 오실 거죠?" 하면 거절하기 어려운 법이다.

집에 전화를 걸었더니 대영이 어머니가 받으셨다. 내가 한참 떠드는데도 아무런 대답이 없었다. 아하, 엄마가 외국 분이시랬지. 바로 대영이 아버지 핸드폰으로 전화를 걸어보니 갑작스러운 담임의 전화에 당황한 목소리 반, 상담이 내키지는 않지만 막상 안 가겠다고 하자니 난처한 목소리가 반이었다. 나는 모른 척 상담에 오시라고 했다.

대영이 아버지와 상담하던 날, 나는 대영이에 대해 많은 이야기를 들을 수 있었다.

젊은 시절 내내 공장에서 일하다 혼기를 놓친 대영이 아버지는 마흔이 넘자 베트남에서 신부를 구했다. 하지만 아내는 기대와 달리 한국에서 생활하기 힘들어했다. 급기야 대영이를 낳고는 우울증까지 얻었다. 낯선 나라에 와서 적응하느라 힘겨워하는 것 같아 대영이 아버지는 아내를 대영이와 함께 일단 베트남으로 보냈다.

대영이가 다섯 살이 되었을 때 유치원에 보내려고 다시 한국으로 데려왔는데, 문제는 말이었다. 우리말이 안 되니 친구들과 어울리지 못했다. 시비가 생겨도 말로 풀 수 없어 몸으로 부딪치는 경우가 많았다. 유치원에서 대영이가 고집이 세고 자주 울어 교육이 어렵다는 전화를 받을 때마다 야단쳐

봤지만 울기만 할 뿐 고쳐지지 않았다. 엄마는 엄마대로 대영이를 감싸고돌기만 하는 탓에 아빠가 나서서 더 잘못을 꾸짖게 된다고 했다.

어릴 때 아빠와 떨어져 있었던 터라 안 그래도 어려울 텐데 자꾸 꾸짖으시면 대영이는 아빠에게 더 다가가기 힘들 거라고, 서로 애착이 형성될 시간이 적었으니 지금은 많이 놀아주면서 친밀감을 쌓고 훈육은 나중으로 미루라는 조언을 드렸다.

상담을 마치며 대영이가 잘하는 게 뭐냐고 물었는데 대영이 아버지가 뜻밖의 답을 하셨다.

"나무를 잘 타요. 원숭이처럼요. 베트남 처가댁 마당에 큰 나무가 있는데 꼭대기에 올라가서 앉아 있더라고요."

다음 날 체육 시간. 아이들을 데리고 운동장 구름사다리로 갔다. 차례로 구름사다리에 매달려 건너는 놀이를 하는데 아이들은 손바닥이 아프다, 팔이 저리다며 엄살을 부렸다.

과연. 대영이는 두세 칸을 아무렇지도 않게 척척 순식간에 건너갔다. 아이들이 탄성을 내질렀다.

"와, 짱이다! 선생님, 신대영 좀 봐요. 두 칸씩 막 건너가요!"

"(못 본 척하고) 에이, 설마! 2학년이 어떻게 두 칸씩 건너가냐? 6학년 형님도 그렇게는 못하겠네."

"선생님, 진짜라니깐요. 대영이 한 번 봐요!"

아이들이 갑자기 대영이를 향해 박수를 치며 "신대영! 신대영!" 하고 외치기 시작했다. 대영이는 이 상황이 조금 당황스러운지 내 눈치를 봤다. 난 아이들 대신 대영이 앞에 가서 손으로 구름사다리 건너가는 시늉을 하며 두 칸씩 건너갈 수 있겠냐고 물었다. 대영이는 갑작스런 환호에 어색한지 무표정이었다. 나는 대영이 손을 잡고 구름사다리로 가 살짝 등을 떠밀었다. 그러자 대영이가 툭 매달리더니 두 칸씩 건너갔다. 아이들이 또 박수를 치면서 소리 질렀다.

"봤죠? 우리 말이 맞잖아요. 대영이가 원숭이처럼 건너가는 거."

"그러게. 선생님도 깜짝 놀랐네. 대영이가 혹시 원숭이인가 하고."

"대영이는 사람이라구요. 대영이가 얼마나 잘하는지 못 믿겠으면 시합해보든가요."

"시합? 그거 좋지. 선생님이 구름사다리 얼마나 잘 타는데. 음하하! 선생님 실력을 보여주겠어!"

갑자기 나와 대영이의 구름사다리 시합이 벌어졌다. 아이들은 양편으로 나뉘어 응원을 시작했다. 나와 대영이가 출발선에 매달리고 아이들이 "쓰리, 투, 원, 출발!"을 외쳤다.

난 재빨리 대영이를 앞서 몇 칸을 먼저 훌쩍 건넌 뒤 힘이 빠진 척 대롱대롱 매달렸다.

"아이고, 선생님 팔 빠지겠네, 사람 살려!"

아이들이 뛰어와 내 몸을 받쳐주었지만 나는 결국 모랫바닥에 엉덩방아를 찧으며 떨어졌다. 그 사이 대영이는 가볍게 구름사다리 건너편으로 건너가 있었다. 나는 모래를 털면서 말했다.

"신대영, 구름사다리 참피온, 인정!"

그러자 아이들이 박수를 치며 대영이 주변으로 몰려들었다. 선생님을 이겼다는 사실 하나로 아이들은 대영이가 대단해 보이는 눈치였다. 대영이는 여전히 얼떨떨한 표정이었지만 기분이 나빠 보이지는 않았다. 나는 일부러 심술 난 표정을 하며 말했다.

"아냐, 아냐. 이번엔 선생님이 준비운동을 안 해서 진 거야."

나는 팔을 휘휘 돌리며 이제 선생님이 몸을 풀었으니 진짜 대결을 해보자고 했다. 구름사다리 옆 느티나무를 가리켰다.

"5초 동안 나무에 더 높이 올라가는 사람이 이기는 거야. 선생님이 어릴 때 많이 해봤으니까 이번엔 이길 거야."

그러자 아이들은 어느새 대영이 편이 되어 내게 따졌다.

"에이, 그건 아니죠. 선생님이 잘하는 걸로 시합을 하는 게 어딨어요? 그리고 선생님이 키도 더 크잖아요. 그건 반칙이죠."

"맞아요. 선생님, 졌으면 인정을 하세요. 치사하게 그러지 말구."

난 더 약이 오른 표정을 지으며 고집을 부렸다. 그러자 아이들 몇이 대영이 쪽으로 달려가더니 물었다.

"대영아, 너 저 나무 올라갈 수 있어? 니가 잘만 올라가면 선생님 이길 수 있는데."

"…"

"야, 하기 싫음 안 해도 돼. 니가 구름사다리에서 선생님 이겨서 벌써 일 대 빵이니깐."

"…"

나도 대영이를 부추겨보았다.

"대영아, 자신 없음 포기해. 그럼 선생님이 자동으로 이기는 거야, 히힛."

"에이, 그런 게 어딨어요? 그럼 반칙이죠."

대영이는 여전히 긍정도 부정도 아닌 어색한 표정을 지으며 아이들의 갑작스런 관심을 부담스러워했다. 그러자 한 아이가 제안했다.

"선생님은 키가 크고 대영인 아직 요만하잖아요. 그니깐 우리가 대영이 엉덩이를 쪼끔 받쳐줄게요. 그래야 공평하죠."

"그래? 맘대로 해. 그래도 선생님이 이길 거니까. (팔 운동을 해보이며) 으쌰으쌰!"

"선생님, 준비운동 그만하세요. 대영이는 안 하잖아요. 선생님만 준비운동하면 불공평하죠."

잠시 후, 아이들의 응원을 잔뜩 받은 대영이가 나무 아래로 걸어왔다. 대영이는 나무 위를 올려다보더니 천천히 신을 벗었다. 그러자 한 아이가 재빨리 대영이가 벗어둔 신발을 집어 들었다. 나머지 아이들은 힘을 합쳐 대영이 엉덩이를 떠받치더니 1미터쯤 위로 올려놓았다.

심판을 맡은 아이의 출발 신호가 떨어졌다. 아이들이 5초를 세기 시작했고 대영이는 입술을 야무지게 내밀더니 무슨 각오라도 한 것처럼 이 가지 저 가지를 잡고 어른 키의 두 배쯤 되는 높이까지 올라갔다. 나무에 올라가보지 않은 아이라면 도달하기 어려운 높이였다. 아이들은 놀라워하며 소리를 지르고 손뼉을 쳤다.

나 역시 호기로운 표정으로 나무 밑동에 폴짝 뛰어올랐다. 그러나 거기까지. 매미처럼 대롱대롱 매달려 있다가 이내 팔 힘이 빠져 그나마도 못 버티고 주욱 미끄러져 그대로 떨어졌다. 그걸 보고 아이들이 재미있다는 듯 우하하 웃어댔다.

대영이가 나무에서 내려왔다. 아이 중 하나가 대영이 팔을 번쩍 들며 외쳤다.

"신대영 2점, 선생님 빵점!"

아이들이 다 같이 대영이를 향해 엄지를 들어 보였다.

"아이고, 선생님 팔 다 빠졌네. 근데 이상해. 선생님은 대영이가 아무것도 못하는 줄 알았잖아. 말도 안 하고 받아쓰기도 못해서."

"못하긴 뭘 못해요? 지금 봤잖아요. 구름사다리도 잘 타고 나무에도 잘 올라가고."

"그러게. 근데 이해가 안 돼. 대영이는 받아쓰기도 못하면서 어떻게 구름사다리를 잘할 수가 있지?"

"에이, 그건 대영이가 베트남에서 살았으니깐 그렇죠. 우리나라에서 살았어봐요. 말도 잘하고 받아쓰기도 잘했겠죠."

그날 이후로 대영이의 별명은 이대영(2:0)이 되었다. 선생님을 두 번 이겼다는 의미였다. 나도 대영이를 부를 때 이대영이라고 불렀다. 구름사다리 건너기도 유행이 되어 아이들은 쉬는 시간이면 대영이를 끌고 구름사다리로 갔다. 처음엔 조금 머뭇거리던 대영이도 시간이 지나자 스스럼없이 친구들의 손을 잡고 나갔다.

자연스럽게 체육 시간에 준비운동을 한 뒤 다음 코스는 구름사다리가 되었다. 주로 대영이가 잘했지만, 시간이 지나면서 대영이처럼 잘하는 아이가 생겨났고 그런 아이들은 대영이와 친해졌다. 친구들과 어울리는 시간이 늘어나면서 네, 아니오로만 말하던 아이는 조금씩 어휘를 늘려갔다.

◇◆◇

여름방학이 왔다. 그 무렵, 나는 취미로 친구들과 캠핑을 다녔는데 가끔은 캠핑 경험이 없는 아이들을 데려가곤 했다. 대영이에게도 캠핑에 가고 싶은지 물었다. 같이 가고 싶은 친구가 누구인지 알아내고 부모님께 허락도 얻었다.

아이들과 과학실에서 별자리판을, 도서관에서 곤충도감을 빌리고, 도랑에서 물고기를 잡을 족대도 샀다. 아이들은 차 뒷자리에 앉아 별자리판을 머리에 뒤집어쓰고 장난을 치며 즐거워했다.

나와 친구들이 텐트를 치는 동안 아이들끼리 모여 있었는데 한 아이가 다른 아이들에게 대영이를 소개했다.

"애 별명이 이대영인데 이대빵이라고 불러도 돼. 맞지? 이대영?"

"응."

"왜 이대영인데?"

그러자 아이는 대영이가 선생님과 구름사다리, 느티나무 오르기 시합을 한 이야기를 들려줬다. 다른 아이들이 안 믿자 아이는 대영이더러 나무에 올라가보라고 부추겼다. 대영이는 별 망설임 없이 신발을 벗더니 단숨에 나무에 올라가보였다. 그러자 다른 아이들이 와, 짱이다, 하며 놀라워했다.

기분이 좋아진 대영이는 내게 와서 족대를 달라고 하더니 도랑으로 달려갔다. 그 와중에 친구가 미끄러운 바위를 잘 건널 수 있게 손을 잡아주기도 했다.

물놀이가 끝난 뒤 옷을 갈아입으라고 하자 군소리 없이 착착. 시키지 않았는데 빨랫줄에 적당한 간격으로 옷을 널기까지 했다.

아이들에게 나무 타기 실력을 보여준 게 기분이 좋았을까, 뭐든지 교실에서보다 잘하는 것 같았다.

어느새 해가 서산을 향해 가고 저녁 지을 시간이 되었다. 텐트 안에 이불을 깔고 아이들에게 베개에 바람을 넣으라고 했다. 밥솥에 쌀을 안치고 버너에 불을 켜며 말했다.

"10분쯤 지나면 밥솥이 끓기 시작할 거야. 그러면 김이 빠지는 소리가 날 건데 이때 뜨거우니까 조심해야 해. 김이 빠지는 소리가 다섯 번 나면 불을 꺼야 해."

그러자 아이들이 손가락 다섯 개를 쫙 펴 보였다.

"다섯 번이요? 만약에 다섯 번에 불을 못 끄면요?"

"그럼 밥을 못 먹지."

"아, 그렇구나."

내가 모르는 척, 아이들에게 밥솥을 맡기고 뒤로 빠지자 대영이는 아직 밥이 되려면 시간이 남았는데도 밥솥 앞을 지키고 앉았다. 친구가 텐트 안에 들어와서 놀자고 부르는데도 꼼짝하지 않았다. 그러자 결국 친구도 대영이 옆에 나와 같이 쪼그리고 앉았다. 무슨 얘기를 하는지 모래알처럼 소근거리다가 갑자기 까르르 웃고 또 주억거리기도 했다. 대영이는 밥솥이 김을 정확히 다섯 번 내뿜자 불을 끄고 나를 불렀다. 책임감이 강한 아이였다.

다음 날 아침, 대영이는 친구들을 깨우고 스스로 화장실에 가서 똥을 누고 짐도 챙겼다. 전날 물놀이할 때 젖은 운동화가 안 말라 걸을 때마다 꿀쩍꿀쩍 소리가 나도 신경질을 부리거나 울지 않았다. 구름사다리를 잘 건너가듯 이젠 뭐든 잘하는 아이가 된 것처럼.

개학을 하고 2학기가 되자 대영이는 천천히 배우는 아이들을 위한 공부 과정을 시작했다. 대부분의 다문화 가정 아이들이 그렇듯 대영이도 처음엔 언어 때문에 어려워했지만, 시간이 지나면서 실력이 늘더니 어지간한 아이들보다 공부를 잘하는 아이가 되었다.

◇◆◇

내가 대영이 소식을 다시 접한 건 얼마 전, 대영이 동창들이 만든 SNS 덕분이었다. 다른 아이보다 유독 대영이가 궁금해서 찾아보니 역시, 멋진 30대가 되어 있었다.

대영이는 외가가 있는 베트남에 가서 한국 관광객들을 상대로 음식점과 여행사를 운영하고 있었다. 한국과 베트남, 양쪽 문화에 익숙한 덕분에 빨리 자리 잡았다고 한다. 친구들과는 오래전부터 연락하고 지냈는지 일부러 대영이를 보려고 베트남 여행을 다녀왔다는 아이도 있었다.

대영이는 대학을 중퇴하고 군대에 다녀온 뒤 아버지의 소

개로 공장에 취직했지만 오래가지 못했다고 한다. 대영이를
외국인 노동자 취급하며 함부로 대하는 사람들 때문이었다.
운전을 배워 다시 취직했지만 역시 마찬가지였다. 공부를 더
해서 자격증을 따면 나아질까 했지만, 쉽지 않았다. 자신을
이렇게 낳은 부모를 원망한 적도 있다고 한다.

그러던 어느 날, 갑자기 외가가 있는 베트남이 떠오르더란
다. 목표가 생기자 다시 일을 열심히 하기 시작했고 돈이 조
금 모이자 베트남으로 간 것이다.

대영이는 반듯하게 성장하지 못했다 해도 나무랄 수 없을
만큼 어려운 환경에서 자랐다. 그런 처지를 비관하며 부정적
으로 세상을 대할 수도 있었을 것이다. 하지만 고맙게도 스
스로 일어선 것이다.

그럼 그렇지. 구름사다리 휙휙 날아다니던 대영이였는데
뭐든 못 하겠어?

롤 모델이 필요한 아이들

1학년 아이들이 교실 뒤편에 앉아 놀고 있다.

잠시 후, 무슨 바람이 불었는지 나라 이름 말하기를 시작한다. 한 아이가 친구들에게 누가 나라 이름을 더 많이 아는지 내기를 하자고 제안한다. 그러자 두 아이가 친구들과 내기를 벌이는 게 부담스러운지 자리에 가서 앉는다. 자리에 앉아도 딱히 할 게 없는지 노는 아이들 쪽을 바라본다.

바라본다는 건 친구들과 어울리고 싶다는 마음의 표현일테다. 그 나름 놀이의 분위기를 파악하는 중인가 본데, 저 아이들도 거리낌 없이 친구들과 어울리게 만드는 게 담임의 할일일 것이다.

1학년 아이들은 자신들이 아주 똑똑하다고 생각한다. 지금까지 자라면서 부정적인 피드백을 거의 듣지 않았기 때문이다. 서고, 걷고, 말하는 성장 과정을 이어오면서 가족에게 지상 최고의 찬사를 들어온 결과다.(찬사가 지적과 잔소리로 바뀌면서부터 학습 의욕도 낮아진다.) 그래서 이 시기 아이들에게 놀이를 빙자(?)한 공부를 제안하면 아이들은 온몸을 불사른다. 나라 이름 대기 놀이는 그중 하나다.

아이들이 동시에 '시작'을 외친다. 한 아이가 재빨리 "한국!"이라고 외친다. 베트남에서 오신 엄마를 둔 아이가 "베트남!"이라고 외친다. 그러자 다른 아이가 "중국!"을 외친다. 이어서 일본, 북한, 미국처럼 익숙한 나라 이름으로 이어지더니 한 아이가 갑자기 "과테말라!"라고 외친다. 그 말에 나머지 아이들이 이의를 제기한다.

"과테말라? 야, 그런 나라가 어딨냐? 너 뻥치는 거지?"

그러자 아이가 억울한 표정을 지으며 말한다.

"과테말라 진짜 있어. 뻥 아냐."

아이의 말을 못 믿겠는지 다른 아이가 나에게 묻는다.

"선생님, 과테말라라는 나라 진짜 있어요?"

난 자신 있는 표정을 지으며 말한다.

"응, 있어. 내가 먹어봤거든. 과테… 그거 과자잖아. 속에 잼도 들어 있고. 얼마나 맛있는데. 냠냠."

그러자 과테말라라고 말한 아이가 어이없다는 표정이다.

"헐. 과테말라요. 과자가 아니라 나라 이름이라니깐요?"

그 말에 난 약간 자신 없어진 듯한, 그러나 여전히 뻔뻔한 표정으로 말한다.

"나라? 그럼 그 나라에서 과테말라 과자 먹나? 그거 많이 먹으면 이 썩을 텐데?"

내가 엉뚱하게 과자 이야기를 계속하자 아이들도 저마다 맛있게 먹은 과자 이야기를 꺼낸다. 그러자 한 아이가 자리를 박차고 일어나 내게 성큼성큼 다가와 묻는다.

"그니깐요, 선생님. 과테말라라는 나라 있어요, 없어요. 딱 그것만 말해보라니깐요. 없죠?"

난 멍청한 표정으로 콧구멍을 파며 말한다.

"나야 모르지. 너네는 꼭 내가 모르는 것만 물어보더라."

그러자 다른 아이가 벌떡 일어나면서 투덜거린다.

"아, 속 터져. 야, 니네 앞으로 선생님한테 물어보지 마. 선생님도 모르잖아. 내가 우리 언니한테 물어보고 올게!"

3학년에 언니가 있는 아이는 내가 말릴 틈도 없이 복도로 내달린다. 4학년에 형아가 있는 아이도 따라 나간다.

"나도 우리 형아한테 물어보고 올게!"

둘이 나가자 나머지 아이들도 구경거리가 생긴 듯 우르르 따라간다. 놀이에 끼지 않고 있던 두 아이만 남았다. 난 그 아이들에게 말했다.

"너네도 가봐. 형아들이 과테말라 아나, 모르나."

그러자 두 아이, 기다렸다는 듯 콩콩콩 토끼 발로 북 치는 소리를 내며 뛰어간다.

아이들은 복도를 지나 교무실 옆 계단으로 막 올라가려다 교감 선생님과 딱 마주쳤다. 상급 학년 아이들 같으면 무서워서라도 조용해지련만, 교감 선생님을 모르는 하룻강아지 1학년 아이들은 그런 거 없다. 교감 선생님께 다짜고짜 묻는다.

"아줌마, 과테말라라는 나라 있어요, 없어요? 빨랑 말해요. 빨랑요!"

교감 선생님은 멀찍이 서 있는 나를 보자 상황 파악을 하신 듯 답을 미룬다.

"과테말라? 그건 왜?"

한 아이가 이르듯 말한다.

"우리가 나라 이름 대기 놀이 하고 있단 말이에요. 근데 과테말라가 나라인지 아닌지 빨리 알아야 되거든요. 우리 선생님도 모른다잖아요, 글쎄. 아줌마가 빨리 말해요."

그러자 다른 아이가 나선다.

"야, 너 싸가지 없게 뭐 하는 거야. 선생님이 모를 수도 있지 왜 이 아줌마한테 일러? 우리 선생님 창피하게!"

그러자 그 아이, 억울한듯 말한다.

"우리 선생님이 몰라서 우리가 개고생하니깐 그렇지!"

두 아이가 옥신각신하는 사이에 나머지 아이들은 교감 선생님을 쌩 지나, 2층으로 올라간다. 그곳에서 한 아이가 3학년 언니를 붙잡고 물어보는 동안 나머지 아이들은 눈을 반짝거리며 언니의 입을 쳐다본다. 언니가 잘 모르는 것 같자 이번엔 재빨리 다른 형아에게 묻는다.

몇 명의 형아들을 거쳐, 드디어 아이들은 과테말라라는 나라가 있다는 걸 알아낸 뒤 교실로 달려온다. 쿵쿵쿵. 이번엔 승리의 말발굽 소리 같다.

교실에 들어오면서 한 아이가 자랑스럽게 말한다.

"거 봐요. 선생님이 모르는 과테말라가요, 진짜 나라 이름 맞아요. 우리가 2층까지 올라가서 형아들한테 물어봤잖아요. 숨차서 디지는 줄 알았네."

"헐. 진짜? 그걸 아는 형아가 있었어?"

"6학년 성렬이 형아요."

"와, 그 형아, 엄청 똑똑한가 보네."

"그 형아 공부 잘해요. 우리 입학식 할 때 봤잖아요. 그 형아가 맨 앞에서 편지도 읽었잖아요."

"아하, 그 형아가 성렬이 형아구나."

"네, 선생님보다 똑똑하잖아요. 선생님 인제 클났죠. 과테말라도 모르고. 그 형아보다 공부 못한다고 소문나면 창피해서 어떡할라 그래요."

"그러게… 큰일 났네."

"그래도 다행인 게 있어요."

"뭔데?"

"우리가 형아들한테 선생님이 과테말라 모른다고 아무도 말 안 했으니깐요. 선생님 창피할까 봐."

"아, 고마워. 하마터면 선생님 창피할 뻔했네."

내가 안도하는 척하자 평소 스마트폰에 빠져 산다고 부모님의 걱정을 사던 아이가 내 손을 잡으며 말한다.

"그러니깐 선생님도 책을 보란 말이에요. 스마트폰만 보지 말고요. 그러다 중독되면 어떡할라 그래요?"

"헉, 선생님이 스마트폰 보는 거 어떻게 알았어?"

"척하면 알죠. 우리 엄마가 그랬거든요. 책은 안 보고 스마트폰만 들여다보면 중독돼서 머리 나빠진대요. 그럼 공부 못해지겠죠? 대학교도 못 가죠, 돈도 못 벌죠, 거지 되죠."

"아, 그렇구나. 알려줘서 고마워. 하마터면 공부 못할 뻔했네."

책 이야기가 나와서일까, 아이들이 갑자기 책꽂이로 몰려가서 책을 하나씩 꺼내 읽기 시작한다. 똑똑한 성렬이 형아를 보고 오더니 공부가 하고 싶어진 모양이다.

책을 읽기 시작한 지 10여 분. 1학년 아이들의 집중력은 금세 한계에 다다른다. 아이들이 읽던 책을 교실 바닥에 슬쩍 내려놓고 장난감을 꺼내 놀기 시작한다. 나는 아이들이 책을 읽게 해보려고 다시 말을 걸었다.

"근데 성렬이 형은 뭘 해서 그렇게 똑똑하대?"

성렬이와 이웃에 사는 아이가 말한다.

"그 형 책 엄청 읽어요. 집에 책도 디따 많아요. 그래서 전교회장 됐잖아요."

"아, 그랬구나."

"야, 책 많이 읽어서 전교회장 되는 거 아니야. 언니들이 뽑아줬으니깐 된 거지."

"야, 똑똑하니깐 뽑아줬지. 바보 같으면 뽑아주냐?"

"아니야, 성렬이 형아가 앞에 나가서 말을 잘해서 뽑아준 거야."

"야, 말을 잘할라면 똑똑해야지. 맞죠, 선생님?"

"아, 그런가? 선생님도 말 잘하고 싶은데…"

"그니깐요. 책을 보세요. 아셨죠?"

책 이야기가 나오자 아이들이 장난감을 슬그머니 내려놓고 다시 책을 집어 든다. 더듬더듬. 아이들의 책 읽는 소리가 들린다.

◇◆◇

그날 점심시간. 밥을 먹고 1학년 교실 앞을 지나가는 성렬이를 불러 1학년 아이들이 궁금한 것이 있으니 대답 좀 해주고 가라고 부탁했다.

"형아, 형아는 책을 많이 읽어서 똑똑해졌어?"

성렬이가 머리를 긁적였다.

"나? 나 별로 안 똑똑한데…"

"과테말라도 알잖아."

"6학년에 과테말라 아는 애들 많아."

"헉, 진짜? 야, 6학년에 과테말라 아는 형아들이 많대. 와, 쩐다!"

"뭐, 우리가 좀 똑똑하지!"

아이들은 성렬이의 으스대는 모습을 재미있어하며 웃었다.

"형아도 책 많이 읽었어? 윤수가 그러는데 형아네 집에 책 디따 많다 그랬는데. 백 권도 넘는다며?"

"응, 거의 다 읽었어."

아이들이 놀란다.

"헐. 그걸 다 읽었어? 와, 쩐다!"

"형아, 진짜 똑똑하다. 과테말라도 한 번에 알았잖아."

"걱정 마. 너네가 6학년 되면 형아보다 더 똑똑해지니까."

"헐. 우리가 어떻게 똑똑해져. 우린 책 백 권도 없는데."

"형아도 1학년 땐 책 안 읽었어. 너네랑 똑같았어."

"그래? 난 벌써 열 권은 더 읽었는데."

"야, 나도 열 권 넘게 읽었어. 맞죠, 선생님?"

나는 일부러 성렬이 들으라는 듯 말한다.

"그럼, 그럼. 우리 1학년 아이들이 책을 얼마나 많이 읽었 는데. 오늘 아침에도 읽는 거 내가 봤어."

그러자 아이들이 아까 내려놓았던 책을 다시 집어 든다. 그 모습을 보고 성렬이가 칭찬한다.

"와, 1학년 책 엄청 잘 읽네. 6학년 되면 진짜 똑똑해지겠다!"

그러자 아이들이 뿌듯해한다. 한 아이가 성렬이에게 말 한다.

"우리가 모르는 거 있으면 형아한테 물으러 가도 돼? 우리 선생님은 모르는 게 너무 많…(내 눈치를 살짝 보더니 말을 바꿔서) 아니, 우리 선생님이 만약에 말이야, 만약에 모르는 게 있다 그러면, 그러면 형아한테 물으러 가도 돼?"

성렬이가 "그러엄." 하고 아이들 머리를 쓰다듬어주었다.

그날 이후, 아이들은 모르는 게 있으면 복도를 콩콩콩 뛰어 2층 6학년 교실로 간다. 더하기 빼기를 몰라도 달려가고, 모르는 글자가 나와도 달려간다. 6학년 아이들이 받아주며 귀여워하자 아이들은 더 자주 간다. 친구랑 다툼이 생겨도 가고 놀이하다 규칙을 몰라도 달려간다. 나는 사탕을 몇 봉지 사서 6학년 아이들에게 맡기며 1학년 아이들이 오면 주라고 부탁한다.

아이들은 언니, 형아들을 점점 더 따르며 좋아한다. 가끔 6학년 아이들이 운동장에서 놀고 있으면 공부하다가도 교실 창가로 달려가 언니, 형아들을 부르며 손을 흔든다. 이러는 동안 1학년 아이들은 6학년 아이들을 이상화한다. 더 나아가 어느 형아가 친절하고 어느 언니가 아는 게 많다고 품평도 한다. 그러면서 자기도 멋진 선배로 자라고 싶다고 생각한다. 6학년 아이들을 롤 모델로 삼는 것이다.

아이들은 스스로 책을 읽고, 친절한 말투를 쓰려 노력하고, 어른스럽게 생각해보려 애쓴다. 미래에 멋진 선배가 되어 있는 자신을 상상하는 것이다.

아이에게 갈등을 권장한다

점심시간.

급식실에서 3학년 아이들이 밥을 먹고 있다.

양파를 싫어하는 미림이가 반찬에 든 양파를 급식실 바닥에 슬쩍 버린다. 마침 이걸 본 옆자리 은비가 말한다.

"너 영양 선생님께 이를 거야. 양파 먹기 싫어서 버리는 거 다 봤어."

그 말을 들은 미림이가 당황해서 대답한다.

"버린 거 아니야. 옆에 놓으려다 떨어뜨린 거야."

"뻥치시네. 일부러 버린 거 누가 모를 줄 알고? 영양 선생님께 이를 거야."

미림이는 서둘러 식사를 마치고 달아나듯 교실로 간다. 은비도 재빨리 남은 음식을 잔반통에 버리고 뒤따라간다. 미림이는 교실로 오자마자 가방을 메고 나가려 한다. 하지만 뒤쫓아 온 은비에게 가로막힌다.

"야, 어딜 도망가냐? 너 선생님께 혼날까 봐 그러지? 내가 다 알어."

미림이가 은비를 옆으로 밀치며 반박한다.

"아니야, 나 엄마가 빨리 오라 그랬단 말이야. 비켜."

그러자 은비가 미림이의 가방을 잡아챈다.

"뻥치시네. 너 학원차 타고 토낄라 그러는 거 내가 모를 줄 아냐?"

가려는 미림이와 못 가게 막는 은비가 서로 밀치다 교실 바닥에 같이 나동그라진다. 미림이가 은비를 넘어뜨리고 일어나 복도를 내달린다. 은비가 다른 아이들에게 외친다.

"야, 범인이 도망간다. 붙잡아!"

범인이라는 말에 아이들이 복도를 막아선다. 미림이가 밀쳐내려 애써보지만 역부족이다. 은비가 일어나며 외친다.

"드디어 범인 체포!"

미림이가 울음을 터뜨리며 은비를 떠민다. 은비는 비틀거리다 칠판에 부딪힌다. 그 모습이 재미있는지 아이들이 깔깔

대며 웃는다. 그때, 식사를 마친 담임교사가 들어온다.

나를 보자 미림이의 울음소리가 커진다. 내가 미림이를 달래자 울음 섞인 목소리로 말한다.

"선생님, 이은비가 때렸어요. 내 가방을 막 잡아당겼단 말이에요. 그래서 제가 바닥에 꽝 넘어졌잖아요."

미림이가 벌건 팔꿈치를 보여준다. 나는 미림이의 팔꿈치를 어루만지며 등을 토닥여준다. 그러자 은비도 다가와 더 큰 목소리로 말한다.

"선생님, 그게 아니구요. 홍미림이 지금 개뻥치고 있는 거예요. 지가 양파 몰래 버려놓구선 토낄라 그러잖아요. 그리고 쟤도 저 밀쳤어요."

나는 두 아이가 다친 곳이 없는지 확인한다. 특별한 상처는 보이지 않는다. 나는 두 아이와 주변 아이들을 통해 자세한 정황을 파악한다. 그리고 '친구를 기분 나쁘게 하는 말은 하지 않기', '급식실에서 화나는 일이 생길 때 친구와 다투지 말고 선생님께 먼저 알리기', '비속어 사용 자제'를 내용으로 훈화했다. 두 아이는 화해했다.

방과 후. 나는 두 아이의 보호자에게 전화를 걸어 '그 나이 또래에 흔히 있는 다툼이며 교육적으로 화해를 시켰다'는 이야기를 하고 가정에서 후속 지도를 당부했다.

이런 일들은 교실에서 흔한 일이다. 매일 쉬는 시간마다 몇 번씩 일어난다.

◇◆◇

아이들은 늘 다툰다. 친구가 내 앞에 섰다고, 내 급식이 친구 급식보다 더 적다고(혹은 많다고), 심지어 교사가 자기를 더 좋아할 거라며 다툰다. 아이들은 상대가 빈틈을 보이면 여지없이 공격한다. 그러면 공격받은 아이는 더 강하게 맞받아친다.

아직 사회화가 되지 않은 초등학교 아이들에게는 원시 인류가 지녔던 공격성의 흔적이 남아 있는 것 같다. 사냥이나 채집을 했던, 그것도 아니면 약탈이라도 해서 생존해야 했던 조상으로부터 어쩔 수 없이 유전된 기질일까. 선한 인간은 태어나지 않으며 다만 교육과 자기 성찰을 통해 만들어질 뿐인 걸까.

아이들 사이에 일어나는 많은 다툼 중 교사에게 알려지는 건 극히 일부다. 아이들은 어떤 사건을 선생님께 알리고 (일러바치고) 어떤 건 모른 척해야 하는지 본능적으로 안다. 괜히 알렸다가 친구들의 미움을 받은 경험 때문이다. 그래서 학년이 올라갈수록 아이들의 다툼은 더 교묘하고 비밀스러워진다.

교사가 있을 때는 아이들도 평화로워 보인다. 교사를 의식해 다툼을 자제하기 때문이다. 교사가 엄격한 분위기를 조성하면 아이들은 아무 일 없는 듯이 연출할 수도 있을 것이다. 교사가 예전처럼 몽둥이라도 휘두른다면 감히 어떤 아이가 다투려 할 것인가. 그러나 그런 방식은 교육이 아니다. 그저 잠시 아이들이 폭력성을 감추게 만들 뿐이다.

학교는 어떻게든 아이들 사이의 다툼을 줄이는 것에 신경을 쓴다. 교장은 교사에게 쉬는 시간에도 아이들 가까이에 있어달라고 요구한다. 자리를 비웠다가 다툼이 생기면 교사에게 책임을 묻는다. 그렇다 보니 교사들은 화장실 갈 시간도 내기 어렵다. 이럴 때 교사에게 요구되는 과업은 아이들에 대한 통제, 감시다. 하지만 언제까지 다툼을 막기 위해 교사가 아이들을 감시할 것인가. 아이들은 곧 졸업을 할 것이고 사회에 나갈 것이다. 더 이상 감시와 통제가 없는 상황에서 억눌렸던 공격성이 드러날지도 모른다.

원시 인간의 공격 대상은 사냥감이었을 것이다. 개명한 세상인 요즘, 사냥감은 없어졌는데 공격성이 남아 있으니 아이들은 서로를 공격하는 게 아닐까. 현대 문명사회에서 아이들의 공격성은 어떻게 순화되어야 할까. 알록달록 삽화가 가득한 도덕 교과서나 칸트의 정언명령 같은 철학을 가르치면 되려나. 어려운 문제다.

교사로 살아오면서 여러 제자들을 만났다. 초등학교를 졸업하면 인연이 끝나던 과거와 달리 다양한 SNS 덕분에 제자들의 삶을 엿볼 일이 많다. 아이들이 성인이 되어 취직을 하고 결혼을 해 가정을 꾸리는 걸 보면 자연스럽게 그 아이가 초등학생이었던 때를 돌이키게 된다.

그러면서 나름 터득한 사실은 '싸우면서 큰다'는 어른들 말씀이 맞다는 것이다. 어릴 때 크고 작은 갈등을 겪으면서 내게 야단을 많이 맞은 아이들이 걱정과 달리 직장에서 주어진 직책을 번듯하게 해내고 아이들도 잘 키우는 걸 본다. 동창 모임에 적극적으로 참석해 어릴 때 말썽 부려 야단맞던 일을 내 앞에서 스스럼없이 이야기하기도 한다.

이런 걸 볼 때마다 아이들로 하여금 이왕이면 더 어릴 때 여러 형태의 갈등을 겪으며 자기 안에 숨은 공격성과 분노를 스스로 확인하게 해주는 게 좋다는 걸 깨닫곤 한다. 문제가 생겼을 때 일단 친구와 다퉈보게 하고 다툼의 양상을 파악하게 해서 자신이 어떤 상황에서 화를 내고 눈물을 흘리는지 경험하게 하는 것이다.

다툼을 반복하며 아이 스스로 감정 표출 방식에 익숙해지면 이번엔 내면에 숨어 있는 양심을 살짝 꺼낼 수 있게 한다. 자신이 친구에게 드러냈던 공격성이 친구를 어떻게 좌절시켰는지, 그때 마음은 어땠는지 들여다보게 하는 것이다. 나의 공격성이 상대의 감정을 자극했을 때 결국 둘 다 상처 받는다는 걸 느끼면 측은지심이 생겨날까.

아이에게 측은지심을 가르치려면 다툰 이유와 과정, 다투고 나서 느끼게 되는 찝찝함과 죄책감 같은 불편한 감정을 일일이 분석해주어야 한다. 자살한 사람의 자살 이유를 본인 입장에서 알아가는 '심리 부검'이라는 용어를 본떠 내 마음대로 지은 이름은 '갈등 부검'이다. 갈등 부검을 하기 위해서는 아이들이 다툴 때 초반에 개입해서 무마하기보다 다툼이 무르익을 때까지 기다려야 한다. 그런데 이게 쉽지 않다. 여러 아이들이 함께하는 교실에서 갈등은 일 대 일로만 이뤄지지 않고 일 대 다수, 다수 대 다수가 엉켜 있는 경우가 많다. 마치 엉킨 실타래를 푸는 느낌이랄까.

또 다른 어려움은 일부 보호자들과 관련이 있다. 자기 아이가 갈등 상황에 놓이는 걸 원치 않는 보호자가 많다. 그들은 자기 아이가 갈등(다툼) 없이 교실에서 무난히 지내기를, 다른 아이들이 자기 아이를 공격할 가능성을 내가 먼저 차단해주기를 원한다. 그런 보호자들과 상담해보면 또 그럴 만한 이유가 있다.

"우리 아이는 어릴 때부터 또래보다 약했어요. 안 그래도 늦되는 것 같아 걱정인데 선생님이 지켜주시면 좋겠어요."

"요즘 아이들은 다들 오냐오냐 키워서 극성이잖아요. 근데 우리 아이는 순둥이라서 그런 애들 못 당해요."

"아이가 유치원에서 한 친구에게 오래 괴롭힘을 당했는데 유치원에서 적극적으로 보호해주지 않았어요. 상처가 되더라고요."

"아이가 좀더 크면 갈등도 스스로 헤쳐나가겠죠. 그때까지는 선생님이 우리 애 편을 들어주시면 좋겠어요."

◇◆◇

미림이와 은비가 다툰 날 저녁, 나는 미림이 어머니에게 전화를 받았다.

처음에 내 연락을 받았을 때는 대수롭지 않은 일이겠거니 했는데 미림이에게 물어보니 상황이 심각했던 것 같아 확인할 것이 있다고 했다. 미림이는 전부터 은비가 자주 놀려서

괴로워했다고 한다. 그날도 은비가 양파 흘린 걸 트집 삼아 선생님에게 이르겠다고 협박을 했으며, 집에 가려는데 못 가게 하고 친구들과 공모해 아이를 넘어뜨려 다치게 했다고. 이런 상황에서 선생님의 보호를 못 받았으니 미림이가 얼마나 무서웠겠느냐고, 이런 사정을 선생님은 알고 계셨느냐고 묻는다. 그리고 상대 아이 부모에게 사과를 받고 싶으니 연락처를 가르쳐달라고 했다.

나는 죄송하지만 연락처를 직접 알려드릴 수는 없고 학교에서 상대 아이를 다시 불러 소상히 내용을 파악해 지도하고 알려드리겠다고 말했다.

다음 날 아침. 교실에 도착한 은비와 미림이를 불렀다. 함께 등교버스를 타고 온 두 아이의 분위기가 심상치 않다. 은비가 울음을 터뜨리며 말한다.

"선생님, 홍미림이 나를 학교 폭력으로 신고한대요, 엉엉."

"야, 내가 신고한다 그랬냐? 우리 엄마가 한다 그랬지."

"니가 니네 엄마한테 다 말하니깐 그렇지."

"너 어제 나한테 언어폭력이랑 신체폭력 했잖아."

"야, 니가 양파를 버리니까 그랬지, 엉엉."

"나 양파 안 버렸어. 나중에 먹으라고 식판 옆에 내려놓다가 떨어졌다니깐!"

"그럼 왜 나를 학교 폭력으로 신고할라 그러는데? 엉엉."

"내가 신고하는 게 아니구 우리 엄마가 그런다 그랬다니깐."

은비가 계속 울자 미림이도 따라 울기 시작한다. 나는 두 아이가 울음을 멈추기를 기다렸다가 끼어들었다.

"어이구, 큰일 났네. 아침부터 둘이나 울어서 어쩌나? 1교시 체육이라서 피구하러 나가야 하는데. 근데 너네 왜 울어?"

먼저 울던 은비가 눈물을 닦으면서 말한다.

"홍미림이 저 학교 폭력 신고하니깐 그렇죠."

"그래? 그럼 선생님이 미림이한테 물어봐야겠네. 미림이는 은비를 왜 신고하고 싶어?"

"아니, 그게 아니라요. 우리 엄마가 신고한다 그랬다니깐요. 저한테 언어폭력이랑 신체폭력 했다고요."

두 아이를 구경하던 아이들이 운동장으로 나간다. 나는 두 아이에게 말했다.

"선생님이 미림이한테 양파 못 먹겠으면 안 먹어도 된다고 말할걸. 그랬으면 미림이가 양파를 이따 먹으려고 살짝 안 내려놔도 되었을 거고 바닥에 떨어지지도 않았을 거잖아. 그럼 은비도 미림이가 아까운 양파를 안 먹고 버려서 속상하지도 않았겠지?"

"네, 근데 홍미림 엄마가 저를 신고한다고 이미 그랬다니깐요. (다시 울기 시작하며) 신고하면 학교에도 못 오잖아요."

"근데 미림이 엄마께서 어제 일로 속상하셨나 봐. 어제 친구들이 미림이를 못 가게 막고 가방도 잡아당겼다던데… 맞지, 미림아?"

"네, 어제 은비랑 김유민이랑 한경훈이랑 윤소민이랑요."

"헐. 여러 친구가 미림이 한 명한테 그런 거야? 야, 그건 폭력 맞네. 신고하셔도 할 말 없겠다야."

내가 미림이 편을 들자 은비의 울음소리가 더 커진다. 그걸 본 미림이가 제안한다.

"선생님, 그럼 제가 우리 엄마한테 은비 신고하지 말라고 말해볼게요. 핸드폰 전원 잠깐만 켜도 되죠?"

"전원이야 켜도 되지만… 너네 엄마가 속상하실 텐데 말을 들어주실까?"

"그래도 전화해볼게요. 사실 저 어제 별로 안 아팠어요. (자기 팔꿈치를 걷어 보이며) 봐요. 상처 없죠?"

잠시 후, 미림이가 엄마와 통화하고 와서 말한다.

"야, 우리 엄마가 신고 안 한대. 대신 나랑 친하게 지내래."

은비는 그제야 안심이 되는지 눈물을 닦으며 웃는다. 미림이가 은비 손을 잡고 운동장으로 나간다.

◇◆◇

아이들 하교 후, 나는 미림이 어머니에게 전화를 해서 상황을 설명했다. 미림이 어머니는 미림이에게 은비가 한 행동이 언어폭력, 신체폭력에 해당한다고 설명해주셨다고 한다. 은비를 신고하겠다는 말까지는 안 했는데 미림이가 확대해석한 것 같다고. 두 아이가 화해를 했으니 마음이 놓인다며 나에게 앞으로 두 아이를 잘 살펴달라고 부탁하셨다.

"근데 우리 미림이가 작년에도 친구들이 조금만 뭐라고 하면 집에서 와서 울곤 했는데 이게 정상일까요?"

"미림이가 3학년인 걸 생각하면… 정상 범위라고 생각은 합니다만, 계속 이런다면 걱정스럽겠네요."

"미림이가 늦둥이라 저나 애 아빠가 너무 감싸서 키운 건 아닌지 걱정이에요."

"아이를 너무 감싸면 예민하고 소극적인 아이로 자랄 수는 있습니다. 그래도 다행히 은비랑 가까이 지내니까 좋아질 것 같습니다."

"은비는 좀 거친 아이 아닌가요? 미림이가 괴롭힘을 당할까 봐 걱정이 되던데요."

"은비가 미림이보다 직설적이고 주장이 강해서 미림이가

밀리긴 해요. 하지만 은비는 의리도 강해서 친구가 많습니다. 은비가 성취 욕구나 정체성, 자존감에서 미림이보다 성숙하니까 은비와 어울리면서 미림이가 배울 게 많을 것 같습니다. 저학년 때에는 교사의 영향이 크지만 학년이 올라갈수록 친구들 영향을 받거든요. 은비 입장에서도 이익입니다. 자칫하면 거친 아이로 성장할 수도 있는데 미림이처럼 여리고 섬세한 친구와 사귀면서 행동을 수정할 기회를 얻으니까요."

교사와 보호자가 아이들의 갈등을 막으면 다툼은 줄어들 것이다. 그러나 무조건 갈등을 막는다고 아이가 순한 아이가 될까? 내면에 잠재한 공격성이 좀더 일찍 표출될 기회를 주고, 공격성을 다스리고 조절할 능력을 키울 수 있도록 도와주는 편이 아직 정체성을 완성하지 않은 아이를 위해 바람직하지 않을까?

공감하고 위로하는 아이들

시골은 도시에 비해 학구가 크다 보니 우리 학교 아이들은 사는 곳이 꽤 넓게 퍼져 있다. 아이들이 학교 끝나고 함께 놀 수 없는 환경이다. 막 초등학교에 입학한 아이들은 같은 유치원을 다녀서 서로 아는 경우도 있지만 처음 만난 친구가 많다.

학기 첫날, 아이들이 서로에 대해 잘 알면 더 친해질 수 있을 것 같아 앞에 나와서 자기소개를 하게 했다.

첫날이라서일까, 유치원에서도 해본 활동일 텐데 다들 어색해한다. 어떤 아이는 구석에 서 있기도 하고, 어떤 아이는 주머니 속에 또 다른 아이는 바지 뒤춤에 손을 감춘 채 말랑말랑 움직인다. 자기 차례가 다가오자 얼굴이 점점 빨개지다가 울음을 터뜨리는 아이도 있다. 어떤 아이는 끝내 자기소개를 하지 않는다.

아이의 복잡하고 떨리는 마음을 하나씩 읽어내 차차 부끄러움을 이기고 당당히 발표하게 하는 일, 발표하다 중간에 틀려도 서로 놀리지 않고 잘했다고 다음엔 더 잘할 거라고 응원해주는 분위기를 만드는 일이 담임의 역할일 것이다. 하지만 이제 막 입학한 아이들은 아직 나를 경계한다. 나도 섣불리 뭔가를 시키지 않고 눈치를 본다.

아이들이 한 명씩 나와서 자기 이름을 말하면 친구들은 궁금한 걸 질문한다. 주로 좋아하는 색깔, 좋아하는 동물을 물어본다. 도시 아이들을 담임할 때에는 판다나 캥거루, 코알라처럼 책에 나오는 동물을 좋아한다는 말을 들었는데, 이 아이들은 송아지, 강아지, 닭을 좋아한다고 말한다. 책에서 본 게 아니라 실제로 같이 사는 동물 이야기를 한다. 왠지 안심이 된다.

아이들의 자기소개가 끝나고 나도 앞에 나가서 자기소개를 했다. 내 소개가 끝나자 아이들이 내게도 질문을 했다. 나도 여덟 살 적 나로 돌아가서 대답을 했다.

한 아이가 물었다.

"선생님은 엄마가 더 좋아요, 아빠가 더 좋아요?"

난 잠시 생각하는 척하다가 대답했다.

"선생님은 엄마가 더 좋았어. 하지만 아빠가 더 보고 싶었어."

내 말에 제 아빠가 도시로 돈 벌러 간 아이가 관심을 보이며 물었다.

"아빠가 어디 갔는데요? 서울에 돈 벌러 갔죠?"

난 또 잠시 생각하다가 대답했다.

"아니, 선생님이 초등학교 1학년 때 돌아가셨어."

아빠가 소를 키우고 농사짓는다는 아이가 물었다.

"헐. 뱀이 깨물어 돌아가셨죠? 우리 동네 석수네 할머니도 밭매다가 뱀이 깨물었는데."

"아니, 병에 걸려 돌아가셨어."

다른 아이가 물었다.

"오토바이 타고 가다가 교통사고 났어요? 우리 할아버지도 그랬는데. 술 먹구 논두렁에 꼬라박았잖아요."

그러자 옆 아이가 훈수를 뒀다.

"야, 교통사고는 병이 아니지. 교통사고는 사고야. 병은 어디가 아퍼야 되구."

내가 다시 말했다.

"암에 걸려서 돌아가셨어."

그러자 아이들이 "아, 암이구나…" 그런다. 그러면서 나를 불쌍하다는 눈으로 바라봐주었다.

한 아이가 또 물었다.

"그럼 그때 선생님은 우리처럼 쬐끄만 애였어요?"

그러자 또 옆 아이가 훈수를 뒀다.

"야, 너 왜 선생님한테 까불어. 애라고 그러면 안 되지."

아이의 말에 교실은 잠시 조용해졌다.

그 틈에 얼마 전 할머니가 돌아가셨다는 아이가 내게 와서 속삭였다.

"으이구! 괜찮어요, 선생님. 엄마가 남았잖아요."

아이들은 각자 자기가 처한 상황에 근거해 내게 말을 건넸다. 생각보다 큰 위로였다.

◇◆◇

며칠 전 윤수네 송아지가 태어났다. 윤수는 학교에 오자마자 송아지 소식을 알렸다. 그러자 아이들이 순식간에 모여들었다. 윤수 아버지는 소도 키우시고 수정사(소의 인공수정을 시키는 전문가) 일도 하신다. 그래서 윤수는 송아지가 태어나는 걸 여러 번 봤다. 아이들의 질문에 일일이 대답하는 표정에서 자부심이 넘친다. 윤수가 대답하는 동안 나는 송아지 사진을 검색해서 아이들에게 보여주었다. 쏟아지는 아이들의 질문에 대답하느라 바쁜 윤수.

아이1　송아지 몇 마리 낳았어?

윤수　한 마리. 소는 한 마리씩 낳거든. 가끔 쌍둥이를 낳기도 해.

아이1　사람이랑 똑같네.

윤수　응, 근데 사람보다 엄마 배 속에 오래 안 있어.

아이2　왜?

윤수　만약에 송아지가 사람처럼 엄마 배 속에 오래 있으면 천적한테 잡아먹힐 가능성이 높대. 그래서 동물들은 임신 기간이 짧은 편이야.

아이2　누가 그래?

윤수　우리 아빠가 말해줬어.

아이1　(갑자기 나를 보며) 선생님, 선생님도 이런 거 알고 있었어요?

나　아, 그게… 우리 집엔 송아지도 없고….

아이1 으이구, 내 그럴 줄 알았어. 송아지 없어도 알아야죠. 선생님이잖아요.

아이2 야, 너 왜 선생님한테 싸가지 없이 말해. 윤수는 아빠한테 들어서 알지만 선생님은 아빠가 1학년 때 돌아가셨으니깐 말해줄 사람이 없어서 몰랐지. 맞죠, 선생님?

나 그런가… 근데 윤수 아빠가 똑똑하신 비결이 뭘까?

아이2 책을 많이 읽었겠죠. 윤수네 아빠가 이장님이니깐요. 마을회관에서 방송할라면 똑똑해야 되잖아요.

윤수 우리 아빠 책 안 읽어. 맨날 「나는 자연인이다」만 보고 술만 먹는데.

나 아하, 그럼 선생님도 「나는 자연인이다」 봐야겠다. 똑똑해지게.

아이1 근데 술은 먹지 마세요. 우리 엄마가 술 먹으면 치매 온다고 그랬어요. 으이구, 우리 아빠도 술 그만 먹어야 되는데. (혀를 차며) 치매 오면 엄마가 내다 버린다 그랬는데 어쩔라고 술을 먹나 몰라.

아이2 야, 그거 다 뻥이야. 엄마들이 아빠 무서우라고 그렇게 말하는 거야. 우리 엄마도 아빠가 술 먹으면 내쫓는다 그랬단 말이야. 근데 안 내쫓잖아. 지난번 장에 갔을 때 엄마랑 아빠랑 손잡고 가는 거 다 봤어.

아이3 우리 아빠는 술만 먹으면 카드 쓴단 말이에요. 아빠가 카드를 엄청 긁어서 엄마한테 욕먹었잖아요. 선생님은 카드 안 긁는 게 좋을걸요.

나 아, 알려줘서 고마워. 선생님도 카드 긁을 뻔했네.

아이1 근데 우리 엄마도 돈 많이 써요.

나 그래?

아이1 우리 집에 택배가 맨날 온단 말이에요. 그거 다 엄마가 홈쇼핑으로 산 거예요.

아이2 우리 엄마도 택배 많이 시켜. 나한테는 돈 하나도 없다 그러면서.

아이1 야, 우린 진짜 돈 없단 말이야. 형아(대학생)가 다 가져가서.

아이들의 대화에는 삶이 묻어 있다. 아직 자의식이 발달하지 않은 아이들은 자신에 대해 특별히 감추거나 과장해서 말하지 않는다. 그냥 보고 겪고 느낀 걸 담담하게 드러낸다. 이 시기 아이들의 대화를 들어보면 아이가 자신을 둘러싼 환경을 어떻게 이해하고 받아들이는지 알 수 있다. 아이가 가족에 대해 느끼는 친밀감과 가족과의 유대를 살펴보면 아이의 발달단계도 읽힌다.

아이1　송아지 태어나면 밥 먹어?

윤수　아니, 젖 먹어. 엄마 소가 송아지한테 면역 물질을 주는데 그게 젖에 섞여 있어.

아이1　면역 물질?

윤수　응, 그거 먹으면 병에 잘 안 걸리거든.

아이2　만약에 엄마 소가 젖을 안 주면 어떡해?

윤수　엄마 소가 젖을 왜 안 주냐? 엄만데.

아이3　맞아. 나도 아기였을 때 우리 엄마 젖 먹었는데.

윤수　니네 엄마는 젖 안 줬어?

아이2　우리 엄마가 농협(직장) 가야 돼서 이모 할머니(육아 도우미)랑 있었으니깐 그렇지. 이모 할머니가 어린이집에도 데려다 주고.

아이4 아, 나도 어린이집 다녔는데.

나 어린이집? 거기가 뭐하는 데야? 어린이만 사는 집인가?

아이2 어린이도 살고 어른도 살아요. 애기도 살고. 아파트 1층에 보면 어린이집이라고 써 있잖아요.

나 그래? 선생님도 그런 데 가고 싶다. 그럼 학교 안 가도 되잖아.

아이2 선생님은 안 되죠. 애기가 아니잖아요.

나 그런가? 근데 거기서 뭐 하는데?

아이2 만들기 하죠.

아이4 놀죠. 밥도 먹고. 엄마도 기다리죠.

나 엄마를 기다려?

아이4 엄마가 와야 집에 가죠. 근데 엄마가 엄청 늦게 올 때도 있단 말이에요.

아이2 맞아. 나도 깜깜할 때 집에 간 적 있어.

아이3 나도 어린이집 가고 싶었는데 우리 엄마가 가지 말라 그래서 못 갔어. 내 동생은 갔는데.

나 어린이집 가고 싶었어?

아이3 네, 거기 가면 가방 주잖아요. 내 동생은 가방 받았는데. 분홍 가방.

나   오, 가방 줘? 선생님도 가방 받고 싶다.

아이1   으이구, 선생님은 안 된다니깐요. 거기 갈라면 돈도 내야 돼요. 엄청 비쌀 걸요. 한… 백만팔천 원쯤?(아이가 생각하는 가장 큰 금액)

나   아, 난 안 되는구나. 알려줘서 고마워.

아이4   근데 어린이집 안 가는 게 좋아요. 거기 가면 엄마가 엄청 보고 싶을 수도 있어요.

나   엄마가?

아이2   어떤 날은 엄마랑 집에 있고 싶은데 엄마가 농협 가니까 할 수 없이 어린이집 가야 되는 날도 있잖아요. 엄마가 농협에 빠지면 계장님이 막 뭐라 그러니깐요.

나   아, 그런 날도 있었어?

아이4   그런 날 많죠. 저도 중간에 할머니가 데리러 온 적 있어요. 귀 아파서 병원에 가느라. 그날 디따 추웠는데.

아이3   윤수야, 니네 송아지도 추웠겠다. 지금 말고 차라리 여름에 태어나지. 그럼 안 춥잖아.

윤수   송아지 안 추워. 우리 아빠가 온열기를 켜줬으니깐.

나　　온열기?

윤수　　네, 전기 꽂으면 빨간 불이 들어오는데 너무
　　　　가까이 가면 뜨거워요. 송아지한테 켜주죠.

아이2　　송아지는 좋겠다. 엄마 젖도 먹고 따뜻하니까.

아이3　　야, 뭐가 좋냐? 쫌 있으면 팔려가고 나중에 소
　　　　고기 되는데.

아이2　　아, 소고기… 송아지 불쌍하다. 윤수야, 니네
　　　　아빠한테 말해서 송아지 팔지 말라 그래.

윤수　　응, 알았어.

아이4　　안 팔면 어떡하냐? 윤수네 아빠도 돈 벌어야
　　　　되는데.

아이2　　송아지가 불쌍하니깐 그렇지.

　어린 송아지가 자신들을 닮았다고 생각했을까. 갓 태어난
송아지를 통해 어떤 아이는 엄마 젖을 못 먹었던 기억을, 또
다른 아이는 어린이집에 가지 못했던 기억을 떠올리고, 어떤
아이는 엄마와 함께 있고 싶었던 기억을 떠올린다. 각자의 기
억 속에 남아 있는 상처를 서로 나눈다. 제법 효율적인 위로
방식이다.

　그렇게 아이들은 서로에게 공감하고 위로하며 괜찮아진

다. 너도 나도 송아지도 집에서 또는 어린이집에서 열심히 자라왔다고, 기다림도 부러움도 잘 채워지지 않았던 그 결핍의 시간을 잘 이겨냈다고.

형제 관계의 어려움

장마가 끝나 본격적으로 더워지기 시작하던 어느 날이었다. 선영이는 그날도 친구들이 돌아간 교실에 남아 언니를 기다렸다. 4학년 수업이 끝나고 선영이가 드디어 언니를 만나 막 교실을 나서려는데 비가 부슬부슬 오기 시작했다. 자매에게는 우산이 없었다. 집까지는 꽤 걸어야 하는 거리다.

"아이고, 비 오네? 집에 어떻게 가지? 엄마 오시라고 전화 걸어줄까?"

"아뇨, 괜찮아요. 저 걸어갈 수 있어요."

언니가 대답한다.

"그래? 엄마가 차 몰고 금방 오실 수 있을 것 같은데?"

"엄마는 소 밥 주시느라 바쁘시거든요."

그러자 동생이 끼어든다.

"소 밥은 아침이랑 저녁에 주잖아."

언니가 동생의 입을 막으며 멋쩍게 웃었다.

"그럼 선생님 우산이라도 빌려줄까? 내일 갖다줘."

언니가 마지못해 받았다.

"괜찮은데… 고맙습니다."

"근데 우산이 하나라서 둘이 쓰기에 불편할 것 같은데, 혹시 엄마 시간이 되시는지 전화해보면 어떨까?"

"괜찮아요. 엄마가 지금 낮잠 주무실지도 모르거든요."

"아냐, 엄마 안 잘 수도 있어. 선생님, 우리 엄마한테 전화 걸어주세요."

언니가 동생을 말린다.

"괜찮아요. 엄마가 아침에 소 밥 주시느라 피곤해서 주무실 수도 있거든요. 선생님 우산 잘 쓰고 내일 갖다 드릴게요."

내가 우산을 내밀자 동생이 언니보다 먼저 낚아채더니 우산을 펼쳤다. 그러자 언니가 우산을 얼른 다시 뺏어 접더니 동생의 신발부터 먼저 갈아 신겼다. 동생이 신을 다 갈아 신자 언니는 조심스럽게 우산을 펴고 동생 팔짱을 끼더니 운동장으로 나섰다.

자매의 부모님은 소를 키우신다. 매일 아침, 둘은 20분 남짓 논길을 걸어 학교에 온다. 요즘 아이들의 등굣길치곤 제법 먼 거리다.

언니는 동생이 실내화를 갈아 신을 때 가방을 받아 들고 기다려준다. 동생은 실내화를 신자마자 언니에게서 가방을 뺏어 복도를 쿵쿵 내달린다. 그러면 언니는 어김없이 "야, 뛰지 마, 넘어져!" 하고 걱정을 한다. 동생이 1학년 교실에 잘 들어가는지 확인하고 난 뒤에야 위층 자기 교실로 올라간다.

동생은 툭하면 언니네 교실로 올라간다. 크레파스가 없어도 얻으러 가고 친구가 놀려도 이르러 간다. 놀다가 없어져 어디 갔나 하면 언니네 교실 복도에 쪼그리고 앉아 있다. 그럴 때마다 언니는 복도 한구석에서 동생을 달랜 다음 교실로 데려다주면서 내게 꾸벅 인사를 한다.

1학년인 동생은 수업이 먼저 끝나면 언니가 끝날 때까지 교실에서 놀면서 기다린다. 시계를 볼 줄 모르는 아이가 시곗바늘이 2시 20분을 가리키는 건 정확하게 안다. 언니 공부가 끝나는 시간이기 때문이다. 친구랑 한참 놀다가도 언니가 올 시간이면 가방을 착착 챙기고 기다린다. 문 뒤에 있다가 언니가 똑똑, 하고 문을 열면 "왁!" 하며 놀래주는 장난을 치기도 한다. 그러면 언니는 나를 보며 민망해한다.

"넌 참 좋은 언니구나. 아이고, 선생님은 선영이가 부럽다. 너 같은 언니가 있어서."

내가 칭찬해주면 선영이 언니는 헤벌쭉 웃는다. 언니는 동생이 앉았던 책상 속을 들여다본 뒤, 색연필이나 가위 같은 것을 정리한다.

"선영아, 책상 속에는 책이랑 공책만 놓는 거야. 색연필이랑 가위는 사물함에 갖다 넣어."

그 다음에는 핸드폰을 꺼내 내가 보낸 알림 문자를 열고 동생 가방을 열어 알림장을 살핀다.(1학년 알림장을 학부모에게 문자로 전송하고 있는데 선영이는 언니가 요청해서 따로 보내주고 있다.) 동생이 알림장을 제대로 썼는지 확인하면, 나에게 꾸벅 인사를 하고 집에 간다. 교실을 나가며 선영이가 그날 교실에서 있었던 일을 언니에게 조잘조잘 떠드는 소리가 들린다.

자매의 이런 관계는 모든 부모의 이상이다. 언니가 마치 엄마처럼 동생을 살갑게 챙기는 모습과 언니를 기꺼이 따르는 동생. 다투지도 않고 시비가 생기지도 않는다. 이런 아이들이라면 열이라도 힘 안 들이고 키울 수 있을 것 같다. 하지만 그건 어디까지나 키우는 부모의 관점이다.

아이가 과연 이대로 쭉 자라도 좋을까? 언니는 점점 엄마 같아질 거고 동생은 더 아이 같아질 텐데? 언니로 태어났다는 이유로 엄마의 책임을 떠맡는 건 아이의 정체성에 좋은 일일까? 좋은 언니 덕분에 어른으로 성장하지 않고 아이로 남는 일이 동생의 미래에 좋은 일일까?

형제자매 관계에서 한쪽이 한쪽을 돌보는 경우, 반드시 속사정이 있다. 돌보는 쪽은 상대적으로 똑똑하고 부지런하다. 돌봄을 받는 쪽은 그렇지 못한 경우가 많다.

아이의 언니는 머리가 좋다. 침착하고 고분고분하다. 반면 동생은 급하고 산만하다. 주변 정리가 잘 안 되고 물건을 자주 빠뜨린다. 그래서 자매의 어머니는 어릴 때부터 자연스럽게 맏이에게 동생을 맡겼다. 동생이 유치원 다닐 때부터 자매는 같이 손을 잡고 다녔다. 그 덕분에 부모님은 아이들 등하교 부담을 덜 수 있어 좋았다고 한다.

부모님은 고마운 마음을 수시로 언니에게 전했고, 언니는 부모를 더 기쁘게 하기 위해 동생에게 최선을 다했을 것이다. 하지만 언니의 헌신은 부모님이 언니에게 양육을 의존한 결과다. 엄마 같은 언니라고 해도 엄마와는 다를 수밖에 없다. 언니 또한 아직 어려서 자신의 생활과 동생 돌보기에 쓰는 힘을 적당히 분산할 줄 모른다. 가끔 힘에 부친다. 그러다 자신을 소홀히 여기는 경우도 생긴다.

자매가 비 오는 운동장을 걷는 동안 우산은 점점 동생 쪽으로 기울어져 언니 어깨에 빗방울이 떨어졌다. 몇 발짝 걸어가다 동생이 우산을 자기 쪽으로 더 끌어당겼다. 언니는 한두 번 당기는 듯하더니 이내 포기한 듯 동생에게 우산을 내어주고 비를 맞았다. 저 상태로 걸어가면 감기에 걸릴지도 모를 일이었다.

나는 자매의 어머니에게 전화를 걸었다. 어머니는 안 그래도 비가 와서 학교로 가고 있다고 했다.

◇◆◇

다음 날 아침, 내가 학교에 도착하자 선영이의 언니가 말끔히 접힌 우산을 건넸다. 우산에는 "선생님, 우산 잘 썼어요. 감사합니다~^^"라고 적힌 하트 모양 쪽지가 붙어 있었다. 마침 시간이 있어서 아이를 데리고 운동장 벤치에 앉았다.

"어제 동생 우산 씌워주느라 힘들었지?"

"아뇨, 괜찮았어요."

"선생님이 엄마한테 전화했어. 우산을 동생에게 내어주고 네가 비를 다 맞길래. 너한테 안 물어보고 선생님 마음대로 전화해서 미안해."

"괜찮아요."

"근데 어제 보니까 동생이 우산을 혼자 쓰려고 막 잡아당기던데? 아이고, 그럼 되나? 언니가 비 다 맞잖아."

"괜찮아요. 동생이 아직 어려서 그런데 좀 크면 나아진대요."

"음… 네 생각엔 동생이 몇 학년쯤 되면 나아질 것 같아?"

"내년? 아니다. 3학년, 아니면 4학년 때요."

"그럼 그때쯤엔 동생도 너처럼 의젓해질까?"

"네… 엄마가 그러는데… 아직은 동생이 어려서 잘 몰라서 그러는 거래요."

"그럴 거야. 근데 너는 몇 학년부터 지금처럼 동생을 잘 챙기는 언니였어?"

"음… 예전부터요."

"1학년 때에도?"

"아마도요."

"근데 동생은 지금 1학년인데 너의 1학년 때와 다른걸?"

"네… 좀 그런 거 같아요."

"동생 챙기면서 어떤 게 힘드니?"

"동생이 정신없어서 자꾸 빠뜨리는 거요. 안내장도 파일에 안 끼우고 막 구겨 넣어서 찢어질 때도 있어요."

"아하, 그럼 앞으로 선생님이 안내장을 파일에 끼우라고 시킬까?"

"네, 그리고 글씨를 자꾸 위로 올라가면서 쓰는 거요."

"아하, 그럼 그것도 선생님이 그러지 말라고 시켜야겠다."

"감사합니다."

"혹시 또 힘든 게 생기면 선생님한테 말해줄래? 앞으론 동생 챙기느라 너무 힘들지 않으면 좋겠어."

"네. (잠시 머뭇거리다가) 그리고 숙제하는 것도요. 동생이 숙제를 잘 안 하려고 해요."

역시 똑똑한 언니여서일까, 동생을 위해 무엇이든 할 것 같아 보였지만 속으로는 어떤 점이 힘든지 분명히 알고 있었다. 이 점이 다른 맏이들과 다르다.

비슷한 경우의 맏이들을 상담해보면 정작 본인이 무엇을 힘들어하는지 모르는 경우가 많다. 생각할 겨를도 없이 동생들에게 헌신하고 있어서다. 동생을 위해 하는 것들을 스스로 원해서 하는 건지, 싫은데 억지로 하는 건지 생각해본 적 없다는 아이도 있다. 내키지는 않지만 안 하면 안 될 것 같아서 그냥 한다고 하는 아이도 있다. 맏이들이 이런 생각을 하게 된 배경에는 동생을 과하게 편들거나 자식에게 돌봄을 떠맡기는 부모가 있다.

그날부터 언니가 말한 것을 동생이 제대로 하는지 확인했다. 산만하긴 하지만 내가 몇 번 주의를 주자 오래지 않아 고쳐졌다. 투정도 하지 않았다.

스스로 행동을 고칠 수 있을 만큼 충분히 성숙한 아이도 누가 챙겨주면 능력을 발휘하지 않는 경향이 있다. 간단한 일이라도 애써 혼자 하는 것보다 의지하는 게 더 쉽기 때문이다. 선영이 또한 할 수 있으면서 언니가 챙겨주기를 기대하고 일부러 안 하는 척했는지도 모르겠다. 이렇게 자라다보면 언니는 더 강박적으로 동생을 돌보게 될 것이고 아이는 또래에 비해 퇴행할 것이다.

부모들이 맏이에게 하는 말 중 맏이들이 싫어하는 말엔 이런 것들이 있다.

"우리 엄마는 항상 저보고 (엄마 흉내를 내며) '니가 언니 잖아. 동생에게 양보해야지.' 그래요. 안 그래도 전 항상 양보한다구요. 안 그러면 엄마가 막 뭐라 그러니까요!"

"저더러 '형이 되어가지고 동생이랑 싸우면 되겠니.' 그래요. 동생이 개기는데(덤비는데) 그럼 참아요?"

"우리가 마트에 가잖아요? 그럼 아빠는 저보고 '동생 잘 지켜. 동생 없어지면 큰일이야.' 그래요. 동생 없어지는 게 뭐 큰일이라구 그러는지 몰라요. 안 그래도 걔 땜에 내가 힘들어

죽겠는데."

"우리 엄마는 툭하면 저만 믿는대요. 아우, 부담스러워. 전 그 말 왜 하는지 다 알아요. 동생 게임 좀 그만하게 하라는 거죠, 뭐."

아이에게 듬직하다, 착하다, 성격 좋다, 속 깊다, 양보 잘한다, 이런 말은 뭔가 부담이 느껴지는 칭찬이다. 아이들은 칭찬을 들으면 그런 면을 더 강화하려고 애쓴다. 칭찬을 더 받기 위해서다.

문제는 이런 습관이 쌓이면 아이의 정체성에 영향을 미친다는 것이다. 어른이 시키면 싫어도 해야 한다는 생각에 익숙해지는 한편, 자신이 아무리 노력해도 어른을 넘어서지 못할 거라는 열패감도 따라온다. 선의로 동생을 돌본다 해도 동생과는 별개의 한 인간으로 존중받고 싶다는 생각을 해야 건강한 독립심이 생기는데, 이런 아이들은 그저 착한 맏이로 머무는 것에 만족하려 한다. 부모가 착한 아이를 좋아하니까.

자신의 발전을 위해 껍질을 벗는 건 힘든 일이지만, 부모 말을 따르는 건 지금껏 해온 일이라 쉽다. 아이들은 힘든 성장 대신 익숙한 감정과 행동을 선택한다. 게다가 '착한 아이'

라는 칭찬을 아이는 쉽게 벗어나기 힘들다. 착한아이 콤플렉스(또는 착한 아이 증후군good boy syndrome, 주변 사람에게 착하다는 반응을 듣기 위해 내면의 욕구나 소망을 억압하는 현상)는 이렇게 시작된다.

◇◆◇

선영이가 현장학습 신청서를 냈는데, 부모님 서명을 받지 않았다. 아이한테 사인을 받아 오라고 했지만 다음 날도 아이는 여전히 서명란이 빈 신청서를 가져왔다.

"아이고, 현장학습 가려면 부모님 사인이 있어야 하는데…"

내가 난감해하자 아이가 교실 밖으로 뛰어갔다.

"잠시만요. 언니한테 갔다 올게요!"

잠시 후, 선영이는 언니의 손을 잡고 돌아왔다.

"언니가 사인한대요. 저 이제 현장학습 갈 수 있죠?

"아이고, 어쩌나? 언니는 부모님이 아닌데. 언니도 아직 어린이거든."

그러자 언니가 나서서 공손하게 말했다.

"죄송한데 제가 사인하면 안 될까요? 엄마한테 제가 얘기할게요. 동생이 내일도 까먹고 올까 봐서요."

나는 언니를 따로 불렀다.

"내일도 까먹으면 선생님이 엄마에게 전화 걸어서 물어보면 되니까 걱정하지 마. 이 숙제는 동생이 스스로 해야 해. 언니가 도와주는 건 좋은데… 계속 그러면 동생이 앞으로 숙제를 자기 힘으로 하려고 할까, 언니에게 떠맡길까?"

"저에게 떠맡길 것 같아요…."

"그럼 이번에는 동생 스스로 하게 한 번만 모른 척해보자. 이렇게 하는 것도 우산 양보하는 거랑 비슷한 거야."

선영이 언니는 동생이 숙제를 안 해왔을 때 나에게 대신 해명하기도 하고 결국 교실에 남아서 숙제를 하고 있으면 민망해하기도 했다. 놀리거나 타박하는 다른 형제와는 다른 모습이었다.

"동생이 숙제 못해서 네 기분이 안 좋니?"

"네, 어제 하라고 했는데… 그냥 자더니… 아침에 하라고 그랬는데 세수를 늦게 하고 밥도 늦게 먹느라 못 했어요."

"그래서 언니가 해주고 싶었구나? 책에 보니 언니 글씨가 있던데?"

"제가 먼저 써주고 동생더러 따라 쓰라고 했는데…."

"동생 숙제를 언니가 도와주면 동생 공부가 늘까, 안 늘까?"

"…안 늘 것 같아요."

"동생이 말 안 들을 땐 어떤 기분이 드니?"

"속상해요. 동생이 말을 잘 들어야 엄마가 안 힘드실 텐데…"

아이가 엄마를 걱정하는 정도가 4학년 아이의 수준을 넘어선 느낌이다. 엄마가 동생에 대한 염려를 맏이에게 자주 이야기하셨을 것 같다. 아이는 엄마를 좋아하는 만큼 엄마의 걱정도 나눠 갖고 싶었겠지. 그래서 엄마 대신 동생을 챙기게 되었을 것이다. 그 과정에서 친구들과 놀고 싶어도 참아야 했을 것이다.

동생에 대한 양보와 희생이 습관으로 굳어지기 전에 '애 어른'이라는 정체성을 깨줘야 자아가 건강해질 것 같다.

자매의 어머니에게 상담 신청을 했다.

"큰애가 착하거든요. 제가 뭘 시켜도 군소리를 안 해요. 고맙죠, 뭐."

"언니에게 동생을 챙겨달라는 부탁을 자주 하시겠군요?"

"네, 애가 손이 야물어서 동생을 잘 챙기거든요. 어릴 때부터 그랬어요."

"다행히 동생도 언니를 잘 따르는 것 같습니다."

"잘 따르지요. 근데 학교 입학하면서부터는 가끔 언니에게 대들어서 걱정이네요…"

"어떻게 대드나요?"

"언니가 숙제하라고 하면 이따 한다고 안 하고, 양치하라
고 하면 니가 엄마도 아닌데 시키냐고 대들고요."

"숙제나 양치 잔소리는 보통 엄마가 하는 것들인데. 언니
가 하는군요?"

"우리 선영이가 좀 늘어지고 산만하잖아요. 저도 잔소리를
하는데… 언니가 더 챙기죠."

"그때 언니는 어떻게 합니까?"

"제가 달래듯 동생을 달래더라고요."

"그것도 엄마 역할을 대신하는 셈이네요. 근데 언니도 학
교에 오면 그저 4학년 아이일 뿐인데… 동생과 함께 있으면
자기가 엄마 역할을 해야 한다고 느끼는 것 같아요."

"유치원 다닐 때만 해도 언니 말을 잘 듣더니… 요즘은 대
들기 시작하고… 큰애가 속상해서 울더라고요."

"동생이 대든다는 건 자기 세계를 의식하기 시작했다는
뜻이니 축하할 일입니다. 다만 언니가 운다는 건… 언니 역할
의 한계를 넘었다는 뜻입니다. 언니도 이 기회에 엄마 역할을
벗고 4학년 아이로 돌아가면 어떨까요? 동생 챙기느라 친구
들과도 못 놀 텐데."

"근데 언니가 늘 챙겨주다가 안 챙기면 애가 잘할지 모르

겠어요. 언니랑은 너무 다른 아이라서요."

"동생이 언니에게 반항한다는 건 언니로부터 자기 영역을 지키고 싶다는 의미거든요. 독립하고 싶은 거지요. 반가운 일입니다. 언니보다 조금 부족할 수는 있지만, 선영이 나름대로 자기 세계를 만들어갈 겁니다. 믿고 의지하던 언니가 없으니 오히려 더 자신을 신경쓰겠지요."

상담 끝에 몇 가지 원칙을 정해보았다.

- 등교를 언니에게만 맡기지 않고 일주일에 두세 번은 엄마가 차로 데려다주기
- 언니에게 동생을 챙기라는 말 하지 않기
- 엄마가 가끔 언니, 또는 동생만 따로 데리고 시내에 나가서 단둘이 시간 보내기
- 동생의 학교 일에 대해 언니가 아닌 동생에게 직접 물어 언니에 대한 의존도 낮추기
- 동생에게 문제가 생길 경우 언니에게 해결을 맡기지 말고 동생 스스로 책임지게 하기
- 집 안에서 언니의 공간과 동생의 공간을 분리해서 각자의 취향대로 꾸미게 하기

이 자매는 엄마가 약간만 신경을 쓰면 금세 건강해질 수 있다. 그러나 서로 사이가 좋지 않은 경우는 좀 다른 것 같다.

◇◆◇

형제의 집은 학교 정문 바로 앞에 있다. 운동장만 가로지르면 바로 집이다. 터벅터벅. 둘은 늘 별말 없이 걷는다. 친밀함은 느껴지지 않는다. 가끔 정문 앞에 엄마가 나와 기다리기도 한다. 그런 날은 형이 동생에게 바짝 다가가 나란히 걷는다. 제법 다정해 보이긴 하지만 여전히 말은 없다. 걷는 길에 돌멩이가 있으면 걷어차기도 한다.

아이의 형은 하교할 때 동생을 데리러 1학년 교실까지 오지 않는다. 운동장 쪽 창문 앞에서 기다린다. 동생은 수시로 창밖을 살피다가 형이 나타나면 재빨리 가방을 메고 달려 나간다. 기다리게 하면 형이 화를 내기 때문이다. 어떤 날은 형이 창문까지 안 오고 현관 앞에서 부르기도 하는데, 목소리부터 쩌렁쩌렁하다. 그러면 아이는 놀다가도 벌떡 일어나서 나간다. 너무 놀라 가방을 잊고 나가기도 한다. 그런 날은 형한테 "빙신 새끼"라는 욕을 듣기도 한다. 그럴 때 동생은 울거나 이를 악물고 있다.

한번은 동생이 그네를 타고 싶다며 그네 쪽으로 가려고 하자 형이 팔을 잡아당겨 동생이 넘어졌다. 화가 난 동생이 큰 소리로 울면서 형에게 "시발 새꺄"라고 욕을 했다. 그러자 형이 넘어져 있는 동생을 걷어찼다. 동생은 악을 쓰며 울기 시작했다.

그때 동생의 울음소리를 듣고 정문 쪽에서 엄마가 나타났다. 엄마를 보자 동생은 더 크게 울었다. 엄마는 형을 나무라며 동생을 일으켜 흙을 털어주고 가방을 받아 들었다. 그러자 동생은 울음을 멈추고 엄마 손을 잡더니 그네로 끌고 갔다.

동생이 그네를 타는 동안 형은 뒤돌아 앉아 있었다. 엄마가 큰아이의 어깨에 손을 얹고 달래는 것 같았다. 하지만 아이는 화가 안 풀렸는지 반응하지 않았다. 엄마가 형과 이야기하는 걸 보자 동생이 그네에서 뛰어내려 엄마와 형 사이를 비집고 앉았다. 형은 엄마 손을 뿌리치고 일어나 집 쪽으로 걸어갔다.

사이 나쁜 형제를 키우는 세상의 엄마들은 매일이 고되다. 부모의 사랑과 보살핌을 두고 경쟁해야 하는 관계인데 애초에 사이가 좋을 수가 없다. 이 형제 또한 속사정이 있다.

머리 좋은 동생에 조금 둔한 형. 동생은 시계 보는 법을 딱

한 번 가르쳐줬는데 줄줄 읽는 아이다. 2학년이 되어야 배우는 구구단도 벌써 절반은 외운다. 형이 공부하는 걸 옆에서 보고 익혔는데 형보다도 잘 안다.

형은 동생에 못 미친다. 시계도 겨우 보고 구구단도 확실치 않다. 3학년 학습을 따라가는 것도 힘들어서 따로 남아 공부를 할 정도다.

동생은 형을 무시한다. 친구들과 대화하면서도 형을 우습게 여기는 듯한 말을 한다.

"우리 형, 어제 터닝메카드 또 잃어버렸잖아. 그래서 엄마한테 혼났거든. 근데 대박인 게 뭔지 아냐? 그거 정윤이 형아한테 그냥 준 거래! 헐."

"헐. 진짜? 터닝메카드 그 비싼 걸 정윤이 형아한테 그냥 줬다고?"

"그래서 엄마가 당장 가서 찾아오라 그랬단 말이야."

"찾아왔어?"

"근데 정윤이 형아가 안 줬어. 대신 편의점에서 컵라면 사 줬대."

"헐. 터닝메카드가 컵라면보다 비싸잖아."

"내 말이. 우리 엄마가 형한테 터닝메카드 더 안 사 준대. 이제 내가 터닝메카드 형보다 더 많아."

1학년 정도 되면 아이는 본능적으로 자기 가족의 치부를 드러내기보다 숨기거나 감싸려고 한다. 그런데 이 아이는 형에 대해 연민을 보이지 않는다. 형이 부족한 것이 치부라는 걸 알면서 감싸줄 대상으로는 여기지 않는다. 형을 깎아내림으로써 자기 우위를 확인하려 하고, 경쟁심이 지나쳐 형이 가족 공동체의 일원이라는 생각을 못 한다는 뜻이다.

형은 동생이 자기를 우습게 여기는 걸 안다. 동생을 공부로 이기기 어렵다는 것도 안다. 동생과 경쟁해서 이기고 싶은데 머리 쓰는 것으로 안 된다면, 남은 건 폭력이다. 그래서 유난히 동생을 거칠게 대한다.

친구들과 놀다가도 동생이 오면 퉁명스럽게 대한다. 놀이에 끼워주지 않으려 하고 억지로 놀더라도 동생과 같은 편을 안 하려고 한다. 동생을 자신의 열등감 스위치로 인식한 것이다. 이런 아이들은 차라리 동생이 없으면 좋겠다고 생각한다. 동생 때문에 자신의 무능력이 도드라져서 밉다고 말한다.

◇◆◇

"오늘 학교 오다가 운동장에서 동생 가방 밟았니?"

"안 밟았는데요?"

그러자 동생이 형을 향해 소리 지른다.

"니가 밟았잖아!"

나는 아이의 눈치를 살피며 말했다.

"선생님도 창가에 서서 다 봤어."

"아, 그거… 밟은 거 아니에요. 조금 밟을라 그러다 만 건데 발이 가방에 살짝 닿은 거예요."

"그랬구나? 왜 그랬어?"

"제 동생이 저한테 자꾸 수학책을 보여줄라 그래서요."

"수학책? (동생을 보며) 형에게 보여주려고 했어?"

"네, 형아한테 시계 알려주려고요."

"운동장에서?"

"네, 우리 형아 진짜 시계 못 읽어요."

형은 부끄러운지 표정이 일그러졌다.

"형아를 도와주고 싶었니?"

"네, 어제 형아 친구들이 형아한테 공부 못한다고 놀렸대요. 그래서 엄마가 저더러 가르쳐주랬어요."

동생은 왜 굳이 남들이 다 보는 운동장에서 형에게 수학책을 들이밀었을까. 모욕을 당했는데도 형은 왜 화를 제대로 못 내고 동생 가방을 '조금 밟으려다' 말았을까. 그걸 동생에 대한 애정으로 봐도 될까.

초등학교 아이들은 아직 이렇게 복잡한 분노의 감정을 처리하지 못한다. 보호자의 적절한 대응이 필요하다.

보호자가 아이를 격려하다가 다른 형제와 비교하는 경우가 있다. 애초 목적은 동생을 격려하기 위한 말이었겠지만, 형의 자존감을 깎고 동생의 오만을 키우곤 한다. 이럴 때 보호자들은 비교당하는 아이의 아픔에 대해 무신경하다. 동생을 칭찬하려는 좋은 목적으로 시작했기 때문에 결과도 좋을 것이라 기대해서다. 하지만 어떤 상황에서도 두 아이를 비교하는 건 부정적인 결과를 낸다.

동생은 자기가 형보다 똑똑하다는 걸 형과 비교당하며 처음 알게 되었을 것이다. 한 번 이런 일이 있으면, 아이는 계속 똑똑하다는 말을 듣기 위해 상대적으로 형의 무능을 확인하려 한다. 그래서 형이 무엇을 자기보다 못하는지 알아내려고 집중하는데 당연히 형 입장에선 화나는 일이다.

동생만 아니면 자기의 모자람이 이렇게까지 문제가 되지는 않았을 텐데, 동생이 미워진다. 동생이 똑똑한 척하는 게 자기에게 모욕을 주려는 의도라고 생각해서다. 결국 동생의 능력을 폄하하고 동생을 괴롭히면서 상처 받은 자신을 회복하려고 한다. 관계가 나빠지는 것이다.

이런 상황을 개선하려면 동생이 덜 똑똑해지거나 형이 갑자기 똑똑해져서 둘의 처지가 비슷해져야 할 텐데, 현실에서 그런 일은 없다. 똑똑하고 둔한 것은 대부분 기질과 성향이 원인이기 때문이다. 동생은 자라면서 더 똑똑해지고 형은 학년이 올라갈수록 학습 부진이 심화될 가능성이 크다.

성장할수록 두 아이의 차이도 커지고 갈등도 커질 것이다. 그렇다면 보호자는 형제를 비교함으로써 갈등을 악화시킬 게 아니라 어떻게든 둘 사이를 끈끈하고 평등하게 이끌어야 한다. 똑똑한 동생은 있는 그대로 칭찬하고, 공부 재주가 없는 형은 공부 아닌 다른 적성을 찾도록 격려하면서 자존감을 키워줘야 하는 것이다.

어떤 어른들은 아이들이 알아서 싸우고 알아서 해결하라고 내버려둔다. 저절로 서열이 만들어져야 한다는 것이다. 자연의 법칙 아니냐고 말한다. 얼핏 보면 맞는 것 같지만, 야생에서 서열 정리는 도태되는 개체가 죽는 걸로 끝난다. 아이들은 야생동물이 아니고 가정은 약육강식의 정글이 아니다.

더 똑똑하거나 더 힘센 형제가 있으면 상대적으로 약자가 생기게 마련인데, 약자는 왜곡된 정체성(피해의식, 우울감, 부정적 자아상)을 갖게 될 수 있다. 그러면 균형이 깨진다. 한쪽은 폭군이 되고, 한쪽은 착취를 당한다.

형제 관계는 어느 한쪽이 희생하거나 우위를 점하게 해선 안 된다. 형은 맏이의 이점을 누리면서 책임감을 지니게 해야 하고 동생은 막내의 이점을 누리며 간섭받지 않을 자유를 갖게 해야 한다. 이 과정엔 지루한 다툼이 필요하다.

다툼은 나를 드러내고 상대를 읽는 과정이다. 보호자는 아이들의 다툼이 누구 한쪽에게 일방적으로 유리하거나 불리하지 않게 조정해주어야 한다.

각자 주어진 위치에서 자신의 이익을 위해 최선을 다해 다툴 때 비로소 형제 관계는 균형을 이룬다. 그 균형 또한 앞으로 할 다툼으로 유지될 것이다.

다툼은 아이의 지적, 논리적 사고 능력을 키운다. 형제를 둔 아이들이 더 말을 잘하고 친구들과의 논쟁을 주도해나가는 경우가 많은데, 다 싸우면서 큰 결과다. 결국 형제가 서로를 키우는 셈이다.

아이들이 만드는
작은 공화국

1학년 교육과정은 공부가 반, 놀이가 반이다.

글씨를 한 시간 쓰면 나가서 놀고, 더하기를 30분 하면 또 나가서 놀고. 그러다 보니 아이들은 수업 시간에도 운동장에 여러 번 나가게 된다.

공부를 열심히 하면 나가서 놀 수 있다는 사실 때문에 아이들은 되도록 집중해서 공부하려고 한다. 하지만 아이들이 매번 마음껏 놀 수 있는 건 아니다. 내가 정한 규칙이 제법 까다롭기 때문이다.

아이들은 놀러 나가기 전에 다 함께 규칙을 읽는다.

1. 모두 함께 놀아요.

2. 사이좋게 놀아요.

3. 양보하며 놀아요.

아이들과 운동장에 나가면서 각자 뭘 하며 놀고 싶은지 물어본다.

"그네요. 나랑 진수랑은 그네 탈래요."

"저도 그네요. 야, 내가 먼저 탈 거야."

"야, 우리가 먼저 말했어. 넌 딴 거 타."

"야, 그네가 니네 꺼냐? 지 꺼도 아니면서. (울먹이면서 나에게 온다.) 선생님, 쟤네가… 흑흑… 그네… 흑흑… 자기만 탄대잖아요. (말이 끝나자 엉엉 운다.)"

"(눈물을 닦아주며) 너 빼고 자기들만 탄대? 아이고, 선생님이 가만있으면 안 되겠네."

나는 우는 아이 손을 잡고 아이들에게 가서 노는 시간을 그만 끝내야겠다고 말한다.

"아, 왜요!"

"그네 때문에 속상한 친구가 생겼잖아."

"우리가 먼저 탄다 그랬잖아요. 원래 먼저 맡으면 임자예요. 형아들도 다 그래요.”

"그네 때문에 친구가 울잖아. 울면 슬프지.”

"지가 그냥 우는 거잖아요. 운다고 선생님이 무조건 편들어주면 어떡해요?”

미끄럼틀을 타던 아이들이 몰려온다. 나는 그네 때문에 싸움이 났으니 교실에 들어가서 그네 타는 규칙을 정해야 한다고 했다. 그러자 한 아이가 그네 타던 애들을 나무란다.

"야, 니들 왜 그네 갖고 싸워. 니들이 유치원생이냐? 엉? 으이구, 자알헌다, 아주. 너네 땜에 우리도 못 놀잖아.”

"야, 우리가 그네 먼저 맡았단 말이야. 근데 쟤가 우니까 선생님이 그만 타라 그랬다니깐?”

"헐. 대박! 선생님, 진짜예요? 에이, 그건 아니죠. 그네를 먼저 맡았으면 먼저 타야죠.”

"그래도 친구가 울잖아.”

"울지 말고 참았어야죠. 유치원생도 아니고. 다음에 그네 맡으면 되잖아요.”

"그래도 친구와 놀아주는 시간인데 속상한 친구가 있으니까… 노는 시간 끝!”

"헐. 왜 선생님 마음대로 하는데요? 쟤는 그냥 떼쓰려고 우는 거잖아요.”

아이들이 목소리를 높였지만 나는 단호하게 말했다.

"노는 시간을 더 줄지 말지 결정하는 사람이 선생님이거든."

아이들이 실망한 얼굴로 따라 들어온다. 나는 운동장에 나가기 전에 읽었던 규칙을 다시 보여주며 함께 읽자고 한다.

"친구와 놀아주는 시간! 1! 모두 함께 놀아요. 2! 사이좋게 놀아요. 3! 양보하며 놀아요."

다음은 수학 시간.

설명을 다 듣고 문제를 푸는 데 걸리는 시간은 20여 분. 아이들은 내게 다시 운동장에 나가도 되냐고 묻는다. 그럼, 되고말고.

아이들은 다 같이 입을 모아 규칙을 다시 읽고 운동장으로 나간다. 몇몇 아이가 아까 울던 아이를 미끄럼틀로 데려간다. 나는 미끄럼틀 타는 아이들을 따라가 벤치에 앉아 책을 읽기 시작한다.

그러자 이쪽이 재미있어 보였는지 그네 타던 아이들이 와서 자기들도 미끄럼틀 타도 되냐고 묻는다. 내가 마음대로 하라고 하니 모두 미끄럼틀 위로 올라가 차례로 타고 내려온다. 그러자 아까 울던 아이가 한마디 한다.

"야, 너네 왜 미끄럼틀 타. 그네나 타지. 니네가 미끄럼틀도

맡았냐?"

"야, 미끄럼틀이 니 꺼냐? 우리도 같이 타도 되잖아."

"칫, 아까 나 보고 그네 타지 말라 그랬잖아. 지들은 미끄럼틀 막 타면서."

"야, 그럼 너도 그네 타면 되잖아. 지금 아무도 없으니까 니가 타라 그럼."

그 말에 울던 아이가 그네 쪽으로 달려가 혼자 그네를 탄다. 하지만 그네를 타면서도 이쪽이 신경 쓰이는지 자꾸 힐금거린다. 친구들이 별 반응 없자 아이는 다시 미끄럼틀로 온다. 내가 아는 척을 한다.

"일찍 왔네? 그네가 재미없니?"

"네, 혼자 타니깐 심심해요."

"그럼 미끄럼틀 타면 되겠네."

"싫어요. 정글짐에서 놀래요."

하지만 정글짐에서도 오래 못 놀고 다시 미끄럼틀로 온다. 아이는 미끄럼틀 위의 친구들을 바라보기만 할 뿐 올라가진 않는다.

"선생님, 쟤네들 나빴어요. 저만 따돌리잖아요."

"따돌려?"

"네, 제가 혼자 정글짐에 외롭게 있었다구요."

"외롭게?"

"근데 쟤네가 같이 놀자고 안 하잖아요. 그럼 따돌리는 거
맞죠?"

"그러게. 그럼 지금이라도 너랑 같이 놀라고 선생님이 말
해볼까?"

"싫어요. 안 놀래요. 우리 엄마가 친구 따돌리는 나쁜 친구
랑 놀지 말라 그랬어요."

"그럼 누구하고 놀지?"

"선생님이랑 놀래요."

"흐음, 선생님은 책 볼 건데?"

"그럼 전 어떡하라고요. 선생님도 쟤네처럼 저 따돌릴라
그러죠?"

"널 따돌릴 생각은 없지만, 난 책 볼 거야. 나랑 놀고 싶으
면 너도 책 봐야 돼. 아니면 친구들한테 같이 놀자고 말하
든지."

"그럼 교실에 들어갈래요."

"그건 안 돼."

"(울먹이며) 아, 진짜 왜요?"

"지금은 친구들과 놀아주는 시간이거든."

"(눈물을 뚝뚝 흘리며) 쟤네들도 저랑 안 놀아준단 말이

에요.”

“선생님 눈엔 네가 친구들하고 안 놀아주는데?”

“(울면서) 선생님은 왜 저한테만 뭐라 그러는데요?”

“지금이 무슨 시간이지?”

“친구와 놀아주는 시간이요….”

“(아이들을 가리키며) 잘 봐. 쟤네들은 서로 놀아주고 있
잖아. 근데 지금 너는 여기 혼자 있으면서 친구와 안 놀아주
잖아. 그러니까 네가 잘못하는 거야.”

“(계속 울면서) 쟤네들이 저를 싫어하잖아요. 근데 어떻게
놀아줘요?”

“쟤네들이 널 싫어하지 않으면 같이 놀고 싶은 생각은 있니?”

“…”

“선생님이 대신 물어보고 올까?”

“네….”

난 아이들에게 가서 이야기를 전한다. 아이들의 반응은 별
로 좋지 않다.

“솔직히 쟤랑 놀기 싫어요. 지 혼자만 고집 쓰잖아요. 그럴
거면 학교에 뭐 하러 오냐구요. 집에서 지 혼자 놀지.”

“너네랑 놀고 싶대. 놀 수만 있으면 고집도 안 부릴 거래.
근데 너네가 자기를 싫어할까 봐 못 놀겠대. 선생님한테 방금

그렇게 말했어."

"그거 뻥일걸요. 쟤 선생님 없으면 또 고집 써요."

"그럼 가서 직접 물어볼래? 물어보고 놀고 싶으면 같이 놀면 되잖아. 놀기 싫으면 안 놀아도 되고. 뭐, 그럼 교실로 들어가야 되지만."

"헐. 교실에 왜 들어가는데요?"

"친구랑 놀아주는 시간인데 놀아주기 싫으면 들어가야지. 다음 공부가 뭐더라…?"

아이 몇이 내 말이 끝나기도 전에 울던 아이에게 뛰어간다. 2, 3분쯤 걸렸을까. 자기들끼리 수군대더니 아이 손을 잡고 뛰어온다.

"됐어요. 이제 우리 놀 거다요?"

아이들은 각자의 놀이터로 내달렸다. 그리고 까르르 웃으며 놀았다. 언제 다퉜냐는 듯, 언제 외톨이였냐는 듯.

잠시 후, 아이들이 끼리끼리 모이더니 누구는 친구의 그네를 밀어주고, 또 누구는 축구를 하고, 그래도 심심한지 떼로 정글짐에 올랐다. 그러다 교무실 앞 소나무에 매달리기도 하고, 운동장을 가로질러 가서 시소를 타거나 미끄럼틀을 타기도 했다.

그러는 와중에 두 아이가 그네를 서로 먼저 타겠다고 다투기 시작했다. 별 시비랄 것도 없었다. 한 아이가 힘으로 밀어 붙인 것이다.

밀려난 아이가 울기 시작했다. 그러자 다른 아이가 와서 우는 아이를 달랬다. 그래도 아이는 계속 울었다. 난 몇 발짝 떨어진 곳에 앉아 책에 빠진 척 얼굴을 돌리고 적당히 못 본 척하고 있었다. 아이의 울음소리가 인적 드문 학교 운동장 곳곳에 퍼졌다.

곧 다른 아이들이 놀이를 끊고 모여들더니 힘으로 밀어붙인 아이를 비난하기 시작했다. 일부는 나에게 와서 그 아이를 혼내라고 요구했다. 내가 미적미적하자 다시 그 아이에게 몰려가 계속 나무랐다.

비난을 받던 아이는 처음엔 안 그랬다고 잡아떼다가 아이들의 비난이 높아지자 욕을 내뱉었다. 지랄하네.

"억울하면 같이 따져도 되지만 욕은 하면 안 돼."

아이가 내 눈빛을 읽은 걸 확인하고 나는 다시 몇 발짝 옆으로 물러나 읽던 책을 들었다.

이번엔 아이들이 그 아이에게 욕을 했으니 빨리 미안하다 그러라고 다그쳤다.

친구들뿐 아니라 선생님까지 자신을 쳐다보자 아이는 들릴 듯 말 듯한 목소리로 미안하다고 말했다. 그러더니 자리를 박차고 일어나 그네 옆 오동나무 밑에 앉아 얼굴을 감싸고 울었다. 아이들은 다시 자기들의 놀이터로 돌아갔다.

아이들이 국민인 이곳, 작은 공화정에서 다수의 여론이 힘 있는 소수를 이기는 순간이었다.

잠시 후 어떤 아이가 벗어놓았던 점퍼가 땅에 떨어져 모래가 묻었다고 울음을 터뜨렸다. 또 다른 아이는 손이 나무에 긁혔다고 운다. 1학년 아이들의 눈물을 그 누가 가볍다 할 것인가. 아이들의 눈물은 어떤 상황에서도 정당하다.

각자 자기 앞에 당면한 문제로 울면서, 때론 우는 친구를 달래주면서 아이들은 오늘도 자란다. 아이들이 각자의 감정에 휘둘려 울거나 웃는 동안 난 적당히 개입하거나 모른 척한다. 울어야 성장하는 아이는 울면서 모난 성격이 둥글둥글해질 것이다. 친구들의 나무람을 들어야 하는 아이는 아무리 버텨도 여론을 거스르지 못할 것이다.

학교에 입학하기 전에 모난 성격들을 고치고 왔다면 얼마나 좋았을까. 지금 울 것을 어릴 때 미리 울었더라면, 그래서 지금은 다른 아이들과 잘 어울려 놀 줄 알게 되었더라면. 그랬다면 굳이 이제 와 유치원생이라는 놀림을 참아가며 서럽게 울지 않아도 되련만. 그랬다면 제 엄마를 부르며 우느라 목이 쉬지도 않고, 아이의 엄마가 일터에서 달려와 아이의 눈물을 보고 속상해하지도 않을 텐데. 그러나 이제라도 울어서 성장할 수 있다면 그 또한 아이의 복일 것이다.

오늘 운 아이들은 나에게 과한 시중을 받았다. 나는 아이들을 교무실 앞 수돗가로 데려가 일일이 눈물 자국을 닦아주었다. 아이들에겐 작은 훈장인 셈이다.

교실 안의 치열한 멜로드라마

아이가 사랑 때문에 울고 있다. 녀석의 '이마에 피는 말랐'느냐고? 잘 모르겠다. 5학년짜리가 뭘 알겠느냐고? 그것도 잘 모르겠다. 하지만 아이들도 때로는 누군가로 인해 들뜨고 누군가로 인해 아파한다. 난 그것을 사랑이라고 부른다.

아이들이 사랑을 하다니! 작년까지만 해도 꺅꺅 소리 지르고 툭하면 울던 녀석들이. 사랑도 스스로 터득해가는 걸까. 아이는 알아서 큰다더니, 역시 스스로 어른이 되어가는 재주가 있나 보다.

5학년 교실에서 여자아이가 남자아이를 좋아하기 시작하면 어떤 일이 생길까? 여자아이는 모든 신경을 남자아이에게 쏟기 시작하지만 남자아이는 그 여자아이를 잘 의식하지 못한다.

제법 성숙한 세계에 들어선 열두 살 여자아이들과 아직은 알까기가 더 재미있는 남자아이들이 모인 교실. 그곳에도 사랑은 있다. 서툴고 그래서 자주 넘어지지만, 그래서 다채롭다. 아이들이 저마다 자기 색깔의 사랑 꽃을 피워 나가는 신비를 구경하는 재미야말로 선생 노릇의 백미다.

학년 초 어느 날.

우리 반 민지가 진석이를 좋아한다는 소문이 돌았다. 아이들과 늘 교실에 함께 있으면서도 둔한 내가 제일 늦게 알았다. 서른 명 남짓 되는 교실에 이렇게 저렇게 얽힌 사랑의 작대기들에 대한 소식은 이 시기 아이들에게 가장 재미있는 대화 소재다. 현재 우리 교실의 몇 명은 열애 중이고 몇 명은 짝사랑 중인데, 다들 멜로드라마 뺨치게 진지하다. 바야흐로 호르몬이 흘러넘치기 시작하는 고학년의 풍경이다.

그러고 보니 과연 민지의 시선은 진석이를 향해 있다. 공부는 건성이다. 쉬는 시간엔 더하다. 아이고, 저러다 진석이 닳겠네. 민지 눈빛에 생기가 있다. 저 녀석, 얼마 전까지만 해도 저렇게 초롱초롱하진 않았는데?

근데 이를 어쩌나? 정작 진석이는 민지가 별로인가 보다. 게다가 소연이를 좋아하고 있다지. 그럼 삼각관계?

며칠 뒤, 미술 시간.

진석이가 내게 와서 의자를 옮겨 친구랑 물감을 같이 써도 되냐고 묻는다. 그러라고 하니 소연이 자리로 가서 의자를 번쩍 들어다 자기 옆자리에 놓는다. 그리기가 시작되자, 진석이가 또 벌떡 일어나 물을 떠다 소연이 물감통에 부어준다.

아까부터 둘의 모습을 지켜보던 민지 표정이 일그러진다. 더는 못 참겠는지 한마디 툭 내뱉는다. 빈정대는 말투다.

"헐! 야, 이진석! 어지간히 좀 해라. 이젠 물도 떠다 주냐? 선생님! 우리 반에 커플이 탄생했습니다!"

주변 아이들 서너 명이 덩달아 노래를 부르며 놀리기 시작한다. 그러자 소연이가 소리친다.

"야, 니들 죽을래? 선생님, 쟤들 좀 혼내주세요!"

진석이는 모른 척 그림만 그린다. 표정을 보니 은근히 기분 좋은 것 같기도 하다. 하지만 소연이가 계속 화를 내자 마지못해, 조금은 귀찮은 표정으로 나를 향해 한마디 한다.

"선생님, 우린 커플 그런 거 아니에요. 진짜예요. (자기 물감을 챙기며 소연이를 향해) 이소연, 빨리 니 자리로 가!"

소연이는 민지의 놀림보다 진석이의 반응에 더 실망스럽

고 당혹스러워하는 눈빛이다. 바로 자기 자리로 돌아가 털썩 앉더니 민지를 한 번 노려보고 그림을 그리기 시작한다.

나는 민지에게 앞으로 나오라고 했다. 친구가 기분 나쁠 수 있는 말을, 수업 시간에 한 것이 문제인 걸 아느냐고 물으니 안다고 한다. 한창 미술 수업이 진행되고 있으니 나중에 얘기하기로 했다.

방과 후, 아이들이 돌아가고 민지와 마주 앉았다.

"선생님이 널 왜 남으라고 했는지 짐작 가니?"

"네, 제가 미술 시간에 소연이랑 진석이가 커플이라고 그래서잖아요."

"왜 그랬는지 물어봐도 되니?"

"그냥요. 근데 걔네 진짜 사귀는 거 맞아요. 소연이가 애들한테 다 말했어요. 근데 진석이가 아니라고 한 거예요. 우리 반 애들 다 알아요."

"친구들이 이미 다 알고 있었다면… 굳이 네가 진석이와 소연이가 커플이라고 말할 필요가 있었을까?"

"그냥 말해봤다니까요. 애들 다 아니까. 괜찮을 줄 알았죠."

"소연이랑 진석이는 너에게 화난 것 같던데?"

"그게 웃기죠. 지들이 사귀는 거 맞잖아요. 내숭은."

"그런데 왜 화가 났을까?"

"모르죠. 자기들이 사귀는 걸 사귄다고 말한 건데."

"소연이랑 진석이가 화난 이유를 난 알 것 같은데 네가 모른다면… 걱정인걸. 오늘 넌 그걸 알아내야 집에 갈 수 있어."

"헐. 저 학원차 타야 해요. 늦으면 혼난단 말이에요."

"그럼 서둘러야겠구나. 생각해내기 전엔 못 가."

"그럼 저 학원 늦는 거 선생님이 책임져요. 선생님이 못 가게 했으니까. 엄마한테 전화할 거예요."

민지가 엄마 핸드폰 번호를 찾아 화면을 보여주며 말한다.

"응, 알았어. 그래도 전화 다 하면 자리에 앉아서 잘못을 생각한 다음, 선생님한테 말하고 갈 거지?"

민지는 엄마에게 전화하지 못할 것이다. 전에도 진석이 좋아하는 걸 엄마에게 들켜 야단맞은 적이 있기 때문이다. 민지 말에 의하면 대학 가기 전까지는 남자 친구가 생기면 안 된다고 한다.

나중에 민지 어머니와 상담하며 여쭤보니 이성 교제를 하지 말라고 하신 게 아니라 '이 남자 저 남자'에게 고백하고 차이는 것 좀 그만하라고 하신 것이었다. 민지가 고백한 남자애가 이미 여러 명인데 공교롭게도 모두 거절당하니 너무 가벼워 보이나 걱정이셨다고. 어머니는 민지가 좌절할까 봐 안타까운 마음에 말씀하신 거지만 5학년 아이가 그 말의 의미를 이해하기는 쉽지 않다.

사춘기에 접어든다고는 하지만 고학년 아이들은 아직 부모의 말을 거역하지 못한다. 그렇다고 순종할 생각이 있는 것도 아니어서 이 시기부터는 보호자에게 보여줄 자신과 현실의 자신을 분리하기 시작한다. 집에서는 고분고분한 아이로, 학교에서는 자신의 욕망에 충실한 아이로. 특히 이성 교제에 관해서는 더욱 은밀해진다. 이성 친구에 대한 보호자의 부정적인 태도를 알게 되면, 아예 숨기거나 가까운 친구에게만 털어놓는다.

엄마한테 이르겠다는 협박이 내게 통하지 않자 민지의 표정이 슬퍼진다. 고개를 숙이고 손가락만 만지작만지작. 자기가 좋아하는 진석이가 소연이를 좋아해서 기분이 안 좋았겠지. 안 그래도 속이 상했을 텐데 내가 너무 매정한가 싶어 먼저 입을 열었다.

"진석이와 소연이가 서로 좋아하는 게 사실이라고 해도 민지에 의해 폭로되는 건 기분 좋은 일이 아니야. 그건 걔네 둘의 문제거든."

민지는 화난 표정으로 앉아 있다가 갑자기 눈물을 툭 떨어뜨렸다.

"선생님, 생각났어요. 걔네가 화난 건 제가 놀려서예요."

"놀리는 게 왜 기분 나빴을까?"

"저도 모르겠다니까요. 지들이 사귀는 거면 놀려도 참아야 되잖아요."

"사귀면 놀려도 참아야 된다고?"

"그렇죠. 놀리는 게 창피하면 사귀지 말든가요."

"사귀지만 부끄러워서 남들이 모르길 바랄 수도 있잖아."

"사귀는데 왜 부끄러워요? 남들은 사귀고 싶어도 고백을 안 받아줘서 못 사귀는데."

"누가 고백을 안 받아줬는데?"

"진석이요. 작년에 제가 고백했을 때 안 받아줬거든요. 그러면서 소연이랑은 사귀잖아요. 고백은 제가 먼저 했단 말이에요. 그런데 저를 배신했잖아요."

◇◆◇

아이들은 좋아하는 상대에게 거절당한 감정을 잘 다루지 못한다. 난생처음 경험해보는 것이기도 하지만, 감정을 어떻게 다루는지 배울 기회가 없었기 때문이다. 이런 내밀한 감정은 누구에게 배워야 할까. 보호자에게 배우는 것이 가장 좋겠지만, 아이들은 보호자와 이런 대화를 나누지 않는다. 보호자 대신 자기처럼 어설픈 친구들이나 만화나 멜로드라마로부터 사랑을 배운다. 하지만 어쩌랴, 모든 아이들이 멜로드라마의 주인공은 아니니.

다음 날, 한 아이가 내게 소식을 전한다. 선생님, 소연이랑 진석이 깨졌대요. 소연이가 찼대요.

아니나 다를까, 두 아이가 어제까지와 달리 데면데면하다. 5학년 교실에서 흔히 있는 일이다.

그날 저녁, 소연이가 내게 문자 메시지를 보냈다.

"선생님, 이진석 혼내주세요. 저한테 꺼지라 그랬어요ㅠㅠ"

"헐. 진석이가 그런 말을?"

"네, 진짜 그랬어요.(진석이가 보낸 문자 메시지를 캡처해서 보낸다.)"

"흐음, 정말이구나. 선생님이 내일 진석이에게 한마디 해야겠는걸."

"근데… 저도 진석이한테 찌질하다고 했어요."

"아이구, 너네 둘 친한 줄 알았는데?"

"이젠 아녜요. 선생님이 저랑 진석이랑 '사귀는 줄 아실까 봐' 알려드리는 거예요."

시간이 흘러 진석이를 바라보던 여자아이들은 저마다 다른 것에 관심을 갖기 시작했다. 어려서 사랑에 서툰 만큼 잊는 것도 빠르다.

그 사이에 이번엔 진석이가 나경이를 좋아하게 되었다. 그런데 나경이는 진석이를 그리 좋아하는 것 같지 않다. 항상 인기의 중심에 있었던 진석이는 당황한 눈치였다.

그 무렵, 진석이 어머니와 상담을 하게 되었다.

"어머! 우리 아들이 인기가 있다니 다행이네요. 아직 아무것도 모르는데. 집에선 아기예요."

"친구들에게 인기가 있다는 건 아이가 아주 잘 크고 있다는 겁니다. 아이들 눈이 정확하거든요. 단지 잘생겼다고 인기가 있지는 않아요. 성격도 좋고 친절하다는 의미입니다."

"제가 뭘 어떻게 도와줘야 될까요? 모른 척하는 게 더 나을까요?"

"금지하지 마시고 가끔 물어봐주세요. 엄마가 진석이의 삶에 관심과 애정이 많다는 걸 보여주시면 됩니다."

진석이 특유의 장난기가 통했는지 나경이도 가끔 진석이와 대화를 했다. 어느덧 두 아이는 점심시간에 같이 산책을 하고 숙제도 보여줄 정도로 가까워졌다.

수학여행이 다가오자 진석이는 내게 문자 메시지를 보내

수학여행 가는 버스에서 나경이와 함께 앉아도 되냐고 물었다. 나경이도 원하다면 가능하다고 답해줬다.

하지만 수학여행 바로 전날, 달콤하던 둘 사이에 위기가 찾아왔다. 진석이가 축구를 하고 싶은 마음에 학원차를 같이 타자는 나경이의 부탁을 거절하며 "너랑 같이 학원차를 타면 친구들이 놀릴지도 모른다"고 말해버린 것이다. 진석이로선 그렇게 생각하는 게 당연하지만 너무 솔직했던 게 탈이었을까. 나경이는 실망했다. 먼저 고백해놓고 친해지니까 친구들 눈치를 보는 진석이에게 상처 받은 것이다.

속이 상한 나경이가 진석이와 버스에 같이 앉기 싫다고 문자 메시지를 보내왔다. 난 나경이의 요청을 들어줬다. 그동안 나경이에게 정성을 다한 진석이를 생각하면, 나경이가 기회를 한 번 더 주면 좋겠지만 내가 끼어들 수 있나. 진석이를 위로할 수밖에.

"아휴, 축구 안 할라 했는데 애들이 나경이랑 뭐 하려고 하냐고 그러잖아요. 그래서 나경이한테 사실대로 말한 건데…"

진석이는 풀이 죽은 모습이었다.

"아이고, 이를 어쩌나? 선생님이 도와주고 싶은데…"

"나경이한테 사과하고 싶은데 문자를 계속 씹어요. 아무 답도 안 하고…"

"아무 답을 안 하는 것도 나경이가 마음을 표현하는 방법이겠지? 그건 나경이가 결정하는 거야. 너도 뭔가 하고 싶다면… 어른에게 조언을 받아보지?"

"우리 엄마한테 전에 말했거든요. 나경이랑 잘해보라고 용돈도 받았는데…."

"엄마라면 이런 경우에 뭐라고 조언하셨을까?"

"음… 그러게 여친을 왜 사귀냐고?(웃음) 여친은 대학교 가서 사귀라고 그랬거든요."

"엄마들이 그렇게 말씀하시는 건 여자 친구를 조심스럽게 사귀라는 뜻이야."

"근데 지금 엄마도 알잖아요. 차리리 몰랐으면 나경이랑 헤어져도 엄마가 모를 텐데."

"네가 여자 친구와 몇 번을 헤어져도 엄마는 네 편일 거 같은데?"

이 시기 아이들은 대부분, 사랑의 상처를 달래줄 대상으로 보호자를 떠올리지 않는다. 보호자가 아는 순간 타박을 받을 거라고 생각하기 때문이다.

심장을 두근거리게 만드는 사람을 만나 빠져드는 희열이야말로 보호자에게 가장 먼저 축하받을 일일 텐데, 어쩌다 우리 아이들은 그 사실을 숨기게 되었을까. 무엇이 아이들의 사랑을 가로막을까.

아이들이 사랑을 하면서 가장 피하고 싶어하는 상황 중 또 하나는 담임에게 들키는 것이다. 담임이 알면 나무랄 거라고 생각하기 때문이다. 우연히 다른 아이가 귀띔해주지 않았다면 나 역시 이들의 연애사를 몰랐을 것이다.

아이들의 연애는 변수가 많다. 사소한 오해로 속을 끓이다 헤어지고 울기도 하고 삼각, 사각관계 속에서 좌절하기도 한다. 이때 겪는 아픔은 친구 관계에서 생긴 아픔보다 더 아프다. 믿었던 남자 친구에게 배신을 당한 뒤 차라리 상대가 죽었으면 좋겠다고 말하는 아이도 있다. 사랑이라는 감정은, 아직 어린 아이에게 때론 흉기가 될 수 있다.

이럴 때 어른이 상처를 위로해주고 자신의 경험을 슬쩍 나눠주면 얼마나 좋을까. 아이들의 세계를 잘 모르면 정작 탈이 났을 때 도울 수 없다. 어른들이 아이들의 연애를 축하하고 지지해줘야 하는 이유다.

"나경이한테 사과하고 싶은데 용기가 안 나요. 받아줄지 안 받아줄지도 모르겠고… 아, 짜증 나요!"

보통 아이들은 이런 일이 생기면 그냥 유야무야 끌다가 다시 시시덕거리던 예전의 모습으로 돌아가곤 하는데 진석이는 어떻게든 여자 친구와의 관계를 이어보고 싶은 모양이다.

"아이고, 진석이 멋있다! 사과해서라도 다시 친해지고 싶으면 해봐. 잘될 수도 있으니까."

"근데… 쪽팔리기도 하고요…. 선생님이 대신 말해주실래요? 제발요."

"그래, 하지만 이건 너도 알아둬야 해. 나경이가 네 마음을 안 받아줄 수도 있어. 그건 나경이 마음이야."

진석이는 수학여행 가는 길에 하트 모양의 핸드폰 고리를 샀다. 하트의 반쪽을 나경이에게 전해달라고 내게 맡긴 뒤 남은 쪽을 조심스레 만지작거렸다. 그때 진석이는 어떤 마음이었을까.

진석이의 선물은 결국 받아들여지지 않았다. 하트 고리는 누구의 핸드폰에도 매달리지 못한 채 다시 상자 속으로 돌아갔다. 진석이는 또 한 번 절망했다. 나 역시 사춘기 때 여자아이에게 호된 거절을 당해본 적이 있어, 나름 싸구려 위로를 애써 지어내보았으나 통하지 않았다.

◇◆◇

보호자들과 상담하다가 아이의 연애사를 말씀드리면 대부분 두 손으로 입을 가리며 활짝 웃는다. 우리 애는 아직 애

긴데… 사랑을 한다고요? 우리 애가요? 하하!

어린 아이들이 연애를 한다는 게 너무 귀엽고 재미있는 것이다. 벌써 이렇게 자랐나? 하는 놀라움과 기특함, 어느새 누군가를 좋아할 줄도 알 만큼 성장했구나, 하는 안도가 느껴지는 표정이다.

어떤 보호자들은 자기 아이의 사랑이 우습다고 말한다. 알아서 머리도 못 감고 자기 방 정리도 못하는 게 무슨 사랑을 알겠느냐는 것이다. 애들이 드라마를 많이 봐서 그렇다고, 요즘 애들이 일찍부터 발랑 까졌잖아요, 말하기도 한다. 그러나 그들 역시 어린 시절에, 그렇게 사랑을 배웠을 것이다.

어떤 보호자는 말한다. 자기는 그 나이 때 사랑은커녕 남자아이들을 피해 도망 다녔노라고. 그렇게 말초적인 유혹을 멀리하고 공부에 매진해서 지금 이렇게 성공했는데, 요즘 아이들은 하라는 공부는 안 하고 너무 겉멋이 들어 극성이니 어쩌면 좋으냐고. 선생님이 잘 타일러주시라고.

아이들이 이성에 눈을 뜨는 건 자연스러운 일이고, 막는다고 막을 수 있는 것이 아니라고 말씀드리면 화들짝 놀라서 말한다.

"그러니까 선생님이 막아주셔야지요. 우리 애가 그런데 빠져서 할 걸 제대로 못하면 어떡해요!"

성호르몬이 왕성한 고학년 아이들은 이성 교제에 관심이 많다. 그들은 마음에 드는 상대를 찾아 고백할 기회를 엿본다. 그러다 고백을 하고 상대가 받아들이면 커플이 된다.

커플이 되면 선물을 주고받고 서로 문자 메시지를 자주 보낸다. 중고등학교와 달리 초등학생의 이성 교제는 대부분 친구들에게 알려진다.(먼저 자랑하는 경우가 많다.) 아직 어려서일까, 커플은 그리 오래 유지되지 않는다.(대부분 3개월 이내다.) 처음엔 좋은 것 같아 사귀기로 했지만 금세 지루해한다. 그렇게 흐지부지되다가 자연스레 멀어진다.

아이들은 '끝내는' 방법은 잘 모른다. 서로 뜸해지면 그만이다. 단, '바람피우는 것'에 대해서는 민감하다. 언제 어떻게 헤어졌는지는 말 안 해도 누가 바람을 피웠는지는 말한다. 하지만 그것도 잠시, 빠르게 잊어버린다. 아직 그런 시기다.

아이들은 오히려 보호자의 반응에 놀라는 것 같다. 보호자가 예민하게 반응하면 아이들은 움츠러들거나 숨기려 한다. 보호자 모르게 문자 메시지를 보내려고 밤늦게까지 안 자고 기다리다가 수면 문제가 생기거나 집에서 가능한 멀리 가서 이성 친구와 놀려고 하다가 더 큰 걱정거리를 만들기도 한다. 보호자가 과민하게 대응하거나 부정적으로 접근하면 안 되는 이유다.

이성과 이별하고 겪는 심리적 문제(우울감, 상대에 대한 분노, 스토킹, 집착, 데이트 폭력 등)는 성인뿐 아니라 아이들도 겪는다. 내 아이가 사랑에 빠져 있다면 금지하거나 방임할 게 아니라 아이의 마음을 세심하게 살피며 잘 대응하게 도와야 한다. 출발이 안 좋으면 비정상적인 애정 관계가 습관이 될 수 있다. 다양한 이성 친구와 만나면서 사랑하고 좌절하고 상처 받는 과정을 건강하게 겪어내야 비로소 제대로 사랑하는 어른이 된다.

부모가 아이의 사랑을 환대하느냐, 또는 무시하느냐에 따라 아이는 앞으로 사랑을 할 때마다 행복하거나 불안할 것이다. 그런 것들이 켜켜이 쌓여 아이의 정체성을 이룬다. 그러니 부모들이여, 아이들의 서툰 이성 교제를 금지할 게 아니라 응원해주자.

2

타고나는 아이, 변화하는 아이

이기적인 아이 만들기

5학년 아이들의 정체성을 키우는 활동을 하고 있다. 자신이 어떤 사람인지를 알아가는 것, 그게 정체성을 찾는 일이다. 정체성은 사람이라면 누구나 갖고 있는 것이지만 정체성이 분명한 사람, 더 나아가 자신의 정체성을 인정하고 아끼는 수준의 높은 자존감을 지닌 사람은 성인 중에서도 많지 않다.

정체성은 자기 자신에 의해서만, 오랜 시간을 들여 형성된다. 타인(교사나 보호자)이 만들어 넣어줄 수 있는 것이 아니다.

5학년 아이에게 정체성이란 무엇일까. 좋아하는 것과 싫어하는 것, 편안하거나 불편을 느끼게 하는 분위기, 하고 싶은 것과 그만두고 싶은 것을 결정하는 데 '결정적 근거가 되는 그 무엇'이 정체성일 것이다. 아이가 지금까지 만들어온 정체성은 당연히 양육 환경의 영향을 받는다. 결국 어떤 보호자에게 양육되었느냐가 중요한 문제다.

이미 형성된 정체성 중엔 건강한 것도 있고 그 반대의 것도 있다. 교사의 역할은 아이들로 하여금 자기 정체성을 드러내고 건강한 정체성은 더 키우고 그렇지 않은 것들은 포기하거나 다듬도록 돕는 일일 것이다.

아이의 정체성은 아이의 취향과도 관계가 있으니 스스로 좋아하는 것과 싫어하는 것을 생각해보게 하는 일부터 해야 한다. 5학년은 자신의 취향을 이미 본능적으로 알고 있지만 드러내본 경험은 적은 시기다. 아이가 어떤 취향을 가지고 있는지 알려면 먼저 아이에게 뭘 좋아하는지 물어봐야 한다.

다만 조심해서 접근해야 한다. 자칫하면 아이가 자신의 취향을, 나아가 자신의 정체성을 꼭꼭 숨기게 만들 수도 있다. 한 번 자신을 숨기려고 마음먹은 아이들은 나중에도 잘 보여주려 하지 않는다. 아이가 수치심과 불안, 죄책감을 느끼지 않으면서 자연스럽게 스스로를 꺼내 보여주고 싶도록 유도해야 한다. 아이가 부담을 느끼지 않을 만한 질문을 적절한 상황을 이용해 툭 던지되, 아이 입장에서 스스럼없이 대답할 수 있는 분위기를 만들어야 한다.

의외로 가정에서 보호자들이 이 부분을 어려워하는데, 아이들은 때론 교사에게 더 맘 편히 자신을 드러내곤 한다.

◇◆◇

나는 반 아이들에게 차례대로(번호대로) 일주일씩 돌아가며 우리 반 도우미 역할을 맡긴다. 모든 아이들이 한 해 두세 번씩은 도우미가 된다.

"도우미 친구는 선생님과 너희들을 돕게 될 거야. 우리 반에서 혹시 판단이 필요한 상황이 생기면 선생님은 도우미 친구에게 먼저 물어볼 거야."

첫 주 도우미는 유영이(우리 반 1번)가 되었다.

5학년 첫날이라서 아이들 이름표를 만들었다. 나는 유영이에게 물었다.

"유영이는 무슨 색깔을 좋아하니?"

유영이는 잠깐 생각하더니 파란색을 좋아한다고 말했다. 나는 아이들 이름표를 만들다가 유영이의 대답을 듣자마자 글꼴 색상을 파란색으로 정했다. 그러자 아이들 몇이 이의를 제기했다. 파란색 말고 보라색, 또는 초록색이 좋단다. 친구들의 반대를 접한 유영이의 표정이 조금 불편해졌다. 자신이 좋아하는 것(정체성)이 친구에게 받아들여지지 않아서다. 이럴 때 내가 나서서 유영이 편을 들어줘야 한다. 이번 주는 유영이가 주인공이니까.

"너희 의견도 알겠어. 하지만 도우미인 유영이가 파란색을 좋아한대. 이번 주엔 파란색으로 할 거야. 만약 너희 차례가 되어 그때에도 이름표를 만들게 되면 너희에게도 물어볼게."

점심시간이 되었다. 코로나 바이러스 때문에 어울려 놀지 못하는 데다 날씨까지 안 좋아 자연스레 아이들이 일찍 교실에 들어와 앉았다. 유영이에게 또 물었다.

"유영이는 무슨 노래 좋아하니?"

"네? 노래…요?"

"만약에 유영이가 아무도 없는 집에 혼자 있다고 가정해 보자. 문득 노래가 한 곡 듣고 싶다면 어떤 곡을 듣고 싶을까? 멋진 노래를 좋아할 거 같은데? 지금 그거 틀어주려고."

"지금…요?"

파란색을 좋아한다고 말한 뒤 친구들의 반대 의견을 경험해서 그런지 망설여지나 보다. 자연스러운 반응이다.

"유영이가 좋아하는 노래를 우리 반 친구들과 함께 들어보려고. 선생님도 궁금해서 물어보는 거야."

"근데… 지금요?"

"응, 지금."

간혹 자신의 취향을 당당하게 말하는 아이들도 있기는 하지만, 사실 5학년 아이에게는 쉽지 않은 일이다. 유영이도 선뜻 노래 제목을 말하지 않았다. 하지만 선생님이 물어보시니 대답을 안 할 수도 없고… 고민한다. 주변 친구들 눈치도 보는 것 같았다.

나는 아이를 데리고 잠시 복도로 나갔다.

"선생님 생각에 지금 유영이 마음속에는 듣고 싶은 노래가 있는 것 같은데?"

"네, 있기는 한데요…."

"이번 주에는 유영이가 뭐든 결정할 수 있으니까 말해도 돼. 혹시 걱정이 있니?"

"…아까 파란색 싫다고 한 애들이 있었잖아요. 이번에도 뭐라 그러는 친구들이 있을까 봐 걱정돼요. 좋아하는 노래가 있기는 있는데 그 노래가 신곡이란 말이에요. 애들이 모를 수도 있으니까…."

선생님이 말해도 된다는데 뭘 저렇게 뜸을 들일까? 친구들이 뭐라 하든 그게 무슨 상관이냐, 별걸 다 걱정하네 싶다.

하지만 대부분의 고학년 아이들은 이렇다. 이 시기 아이들은 주변의 반응(평가)에 민감하다. 그렇다 보니 어떤 선택을 할 때 주변의 눈치를 본다. 평가에 민감한 아이들은 자신만을 위한 선택을 해서 얻을 수 있는 이익까지 쉽게 포기하는 경향을 보인다. 이런 습관이 반복되면 점점 자신을 위할 기회를 잃게 된다.

주변의 요구에 맞춰 매사를 결정하는 아이는 어떻게 될까? 타율적인 아이, 수동형 아이가 된다. 자기 욕망을 억압하며 타인의 욕망을 좇는 아이는 이 시기에 흔하다.

- 자신의 스마트폰 데이터를 테더링(핫스팟)으로 내주는 아이
- 엄마가 탄산음료를 마시지 말라고 했지만 친구가 먹자고 하면 먹는 아이
- 미술 시간에 자기 것은 안 하고 친구의 만들기를 돕다가 시간을 다 보내는 아이
- 새로 산 펜을 친구가 달라고 한다고 줘버리는 아이
- 분식집에서 '아무거나' 먹어도 된다며 메뉴 선택권을 친구에게 넘기는 아이
- 역할 놀이에서 주인공 역할을 포기하고 아무 역할이

나 좋다고 하는 아이

• 자기 용돈을 친구에게 과자 사주는 데 쓰는 아이

• 친구에게 "넌 그것도 못하냐?"라는 말을 듣고도 아무렇지 않은 척하는 아이

• 자기가 놀려고 가져온 장난감을 친구가 독점해도 참는 아이

• 자기도 더우면서 덥다는 친구에게 부채질해주는 아이

이런 아이들은 교실마다 여럿 있다. 이런 아이들에 대해 친구들은 '착한 아이'라고 생각한다. 양보를 잘 해주고 화도 내지 않으니까.

자기 욕망보다 타인의 욕망을 따르는 아이에게 하는 '착한 아이'라는 말. 얼핏 좋은 말 같다. 그러나 안타깝게도 이런 아이 주변엔 착하지 않은 아이들이 모여든다. 착한 사람 주변에 착취하고 이용하려는 이들이 자주 꼬이는 어른의 세계와 똑같다. 사람 좋고 착하다는 말은 듣지만 의리나 인정만 따르며 자신의 손해를 감수하는 어른들. 그들이 아마 어린 시절 '착한 친구'였을 것이다.

이런 아이는 어떻게 만들어질까? 반은 타고나고(기질, 성격, 성향), 반은 만들어진다(양육, 교육 환경).

어느 날, 가정에서 아이에게 과자 한 봉지를 들려 학교에 보낸다. 친구들이 서로 먹고 싶다고 달라고 하면 어떻게 될까? 이런 상황에서 보호자가 바라는 건 대체로 '자기 몫의 과자를 충분히 확보한 뒤 적당한 양을 친구에게 나누어줘 관계를 돈독하게 만드는 아이'다.

그러나 현실은 어떨까.

친구와 갈등이 확대 재생산되거나("엄마가 저 먹으라고 준 과자란 말이에요. 근데 쟤네들이 자꾸 달라 그러잖아요. 짜증 나게!", "제가 쪼금씩 줬단 말이에요. 근데도 자꾸 더 달라 하니까 저 먹을 게 없잖아요.", "야, 니네 내가 준 과자 다시 내놔. 하나도 안 남았잖아."), 자책하거나 죄책감을 학습한다.("혼자 다 먹고 싶긴 하지만… 친구들도 먹고 싶을 거잖아요. 양보해야죠. 그래서 주다 보니 다 줬어요.", "선규랑 예린만 주려고 했는데 쫌 이따 성은이가 온 거예요. 성은이한테 줄 게 없어서 미안하다 그랬어요.")

건강한 정체성은 아이를 지켜주는 갑옷이다. 어떤 선택을 해야 하는 상황을 만날 때 자신을 굳건히 지탱하게 해주는 힘이다. 정체성은 인생 전반에 걸쳐 형성되지만 초등학교 때 이미 절반 넘게 만들어진다. 그래서 이 시기가 중요하다. 지금 어떤 정체성을 만드느냐에 따라 어떤 어른으로 살아갈지가 결정된다.

혹시 우리 반 아이들이 나중에 자율성이 약한 어른이 된다면? 그래서 '착하기만 한 어른'으로 살게 된다면? 어떻게든 조금 더 이기적인 아이로 만들어주어야 한다.

"선생님은 친구들이 좋아하는 노래 말고 네가 좋아하는 노래를 듣고 싶어. 친구들은 걱정 마. 친구들도 나중에 도우미가 되면 자기들 좋아하는 노래를 신청할 테니까."

그 말에 용기가 났을까. 유영이가 야무지게 말한다.

"그럼 방탄소년단 노래 들을래요. 요즘 「온ON」이라는 노래가 새로 나왔거든요. 유튜브에 치시면 나와요."

의기소침하던 목소리에 조금 힘이 들어갔다. 나는 한발 더 나아가보기로 한다. 교실 TV를 켜면서 아이들에게 말했다.

"유영이가 좋아하는 노래를 결정했어. 유영이가 직접 선생님 컴퓨터에서 검색해서 들려줄 거야."

유영이가 브라우저를 실행하고 유튜브 사이트에 가서 노래를 검색하는 과정이 TV에 그대로 보인다. 유영이가 '방탄소년단'이라고 검색하는 걸 보자 아이들이 반응한다.

"와, 방탄이다! 대박 좋아!"

"헐. 여자애들은 방탄밖에 모른다니까."

"온? 저건 아니지. 저거 열라 구려. 야, 딴 거!"

찬반의 의견이 막 쏟아진다. 유영이는 친구들의 반응이 신경 쓰이는지 마우스 클릭을 망설이지만 그것도 잠시, 자기가 좋아하는 노래를 과감히 선택한다.

단단한 시멘트를 넓게 바른 공간에서 남녀가 어우러져 군무를 추는 뮤직비디오가 시작된다. 나는 기다렸다는 듯 일부러 볼륨을 높여주었다. 테크노 리듬의 전자악기 소리가 교실에 가득 찬다. 시끄럽다는 아이도 있지만 반가워하는 아이도 많다. 그런데 노래가 흘러갈수록 유영이는 노래보다 친구들 표정을 더 살핀다. 자기가 좋아해서 고른 노래(정체성)가 친구들에게 어떻게 받아들여지는지 궁금한가 보다.

노래가 끝나고 유영이에게 물었다.

"유영이가 좋아하는 노래를 친구들에게 들려준 기분이 어떠니?"

"이 노래 아는 애들이 얼마 안 되는 줄 알았는데 꽤 많은 것 같아요."

"친구들 반응이 나쁠까 봐 걱정했니?"

"네, 뭐 이딴 노래를 좋아하냐고 할 수도 있으니까요."

"막상 듣고 난 지금은 어때?"

"기분 좋아요.. 이 노래 아는 애들이 많은 것 같아서요."

◇◆◇

5학년은 자신의 정체성이 타인에게 비호감으로 비칠까 봐 걱정하기 시작하는 시기다. 많은 아이들이 이런 걱정을 하며 자신의 취향이나 욕망을 감추려고 한다.

아이들 입장에서 감추는 건 편하다. 뭐 먹고 싶냐고 물으면 '아무거나' 먹겠다고 하면 되고 어떤 옷을 사줄까 물으면 '아무거나' 사달라고 하면 된다. 이런 아이는 키우기도 쉽다.

하지만 이런 태도로는 건강한 정체성을 키우기 어렵다. 욕망 없는 아이는 없다. 드러내지 않을 뿐 이미 아이는 자기만의 취향과 욕망으로 똘똘 뭉쳐 있다. 이럴 때 누군가가 아이의 숨겨진 마음을 툭 건드려주면 아이는 용기를 낼 것이다.

아이는 취향(좋아하는 노래)을 드러냈고 친구들과 공유했다. 다음은 친구들의 반응을 건강하게 받아들이도록 도울 차례다. 친구들의 반응에 따라 유영이는 자기가 고른 노래에 대해 자긍심을 갖거나(긍정적 자아상) 반대로 노래도 잘 못 고르는 아이라고 자책(수치심)을 할 수 있다.

예상대로 아이들의 반응은 반반이다. 방탄소년단을 좋아하는 아이들은 환호했고 모르거나 싫어하는 아이들은 시끄럽다고 했다. 심지어 나에게 볼륨을 줄여달라고 소리친 아이도 있다. 이 상황에서 자칫하면 유영이가 긍정적 자아상을 찾는 대신 수치심을 경험할 수도 있다. 정체성을 키워주려던 계획이 오히려 역효과가 날 수 있다.

나는 교실로 들어가 아이들에게 말했다.

"사실 선생님도 이 노래는 오늘 처음 들었어. 솔직히 선생님 같은 아저씨들이 쉽게 좋아하기는 힘든 노래 같아. 너희들 중에도 이 노래를 시끄럽다고 생각한 사람이 있는 걸 알아. 하지만 우리가 이 노래를 다 같이 들어야 하는 이유가 있어. 우리 친구 유영이가 좋아하는 노래라서야. 친구가 어떤 노래를 좋아하는지 관심을 갖고, 비록 내가 싫어하는 노래라도 싫다고 배척하지 말고 들어봐야 해. 그 친구를 알기 위해서. 그걸 지금 우리가 배워야 하는 거야."

5학년 아이들은 누군가가 이끌어주지 않으면 자신을 과감하게 드러내지 않는다. 어떤 아이들은 아무리 물어봐도 끝까지 자신을 드러내지 않는다. 심지어 질문을 피하거나 입을 다물어버리기도 한다. 어쩌다 이렇게 되었을까? 혹시 어른들에게 이런 말을 자주 듣지는 않았을까?

"으이구, 너는 성격이 그래 가지고 앞으로 이 험한 세상 어떻게 살아가려고 그러냐.(아이에 대한 부정적 평가)"

"엄마가 다 알아서 먹이고 입혀줄 테니. 넌 그저 공부나 열심히 해.(아이의 욕망에 대한 부정)"

"너 그러다 커서 뭐가 될 거야. 어떻게 먹고살 건데? 인생이 만만한 줄 알아?(미래에 대해 과도한 공포심 주입)"

이런 아이들은 대체로 낮은 자존감을 보인다. 자기는 특별히 잘하는 것(좋아하는 것)이 없으며 뭔가를 해봐야 남들만큼 잘하지 못할 테니 아예 시작도 안 하는 게 낫다고 생각한다. 그런데 교사가 무슨 색깔, 노래를 좋아하냐 자꾸 물어보니 난감하다. 그래서 제발 그만 좀 물어보라고 사정하기도 한다. 어찌 보면 자연스러운 일이다.

5학년이면 고학년이고 초등학교에선 제법 대접을 해주지만 가정에서 보기엔 아직 아기다. 뭔가를 알아서 하라고 믿고 기다리기엔 미덥지 않은 구석이 남아 있다. 그렇다 보니 아이의 선택과 결정에 보호자의 개입이 들어가는 경우도 있다. 이런 환경에 익숙한 아이라면 혼자 선뜻 결정하는 것이 어색하다.

이럴 때 아이의 등을 슬쩍 밀어주면 어떨까?

"네가 좋아하는 노래가 듣고 싶어. 친구들이나 동생이 좋아하는 노래 말고."

리더가 탄생하는 과정

1학년 교실.

내가 교실에 들어서자마자 아이가 다가와 확인하듯 말한다.

"선생님, 오늘 미세먼지 나쁨이에요. 그러니깐 애들 나가서 그네 타고 오라 그러지 마세요. 아셨죠?"

"그래? 알려줘서 고마워. 하마터면 나가자고 할 뻔했네."

잠시 후. 아이는 칠판에 붙어 있는 식단표 앞에 가서 한참 들여다보다가 다시 내게 와 귓속말을 한다.

"선생님… 잠깐만 일루 와보세요."

내가 다가가자 아이는 식단표에서 오늘 메뉴를 가리키며 묻는다.

"서리태 콩밥, 두부조림, 짜요짜요는 알겠는데… 이건 무슨 글자죠? 앞에 '과일'은 알겠는데…."

"과일화채랑 닭갈비네."

그러자 아이는 반 아이들을 향해 말한다.

"야, 오늘 과일화채랑 닭갈비 나온다. 알았지?"

아이들이 각자 노느라 별 반응을 안 하자 아이들에게 더 가까이 가서 큰 목소리로 말한다.

"야, 오늘 과일화채랑 닭갈비 나온다니깐. 후식은 짜요짜요. 알았지?"

아이들은 건성으로 알았다고 답한 뒤 다시 논다.

잠시 후. 아홉 시가 되자 아이가 칠판에 붙어 있는 주간학습 안내표를 보더니 다시 말한다.

"선생님, 1교시 수학이죠?"

"아, 그런가? 알려줘서 고마워. 하마터면 선생님이 국어책 꺼내라고 말할 뻔했네."

"으이구, (주간학습 안내표를 가리키며) 그니깐 선생님도 이걸 잘 보세요. (아이들에게) 야, 너네도 그만 놀고 수학책 꺼내. 빨리."

한참 놀이에 빠진 아이들이 미적거리자 아이는 그 아이들에게 가서 책상 속 수학책을 꺼내주고 오늘 공부할 곳을 펴

주기까지 한다. 아이들은 그제야 자리에 앉으며 고맙다고 말한다. 아이는 흡족한 표정을 짓는다.

쉬는 시간. 주간학습 안내표에서 다음 시간이 '지점토 만들기'인 걸 읽은 아이가 내게 와서 말한다.

"선생님, 다음 시간에 지점토 해야 돼요. 아시죠?"

"아이고, 알려줘서 고마워. 하마터면 까먹을 뻔했네. 근데 지점토를 어디에 뒀더라?"

"헐. 또 까먹으셨어요? 지난번에 제가 준비물 통에 놔둔다 그랬잖아요."

"아, 맞아. 알려줘서 고마워."

"다음부터는 물건 어디에 뒀는지 종이에 써서 드릴게요. 저도 이제 글씨 쓸 줄 아니깐요."

이 아이는 활달하다. 말도 많다. 종횡무진 친구들 하는 일마다 참견한다. 놀다가 시비가 생기면 끼어들어 말리고, 점심시간이 되면 친구들에게 손 대충 씻지 말고 꼼꼼하게 씻으라는 잔소리도 한다.

아이들한테만 그러는 게 아니다. 나에게도 사사건건 참견한다. 매시간 무슨 공부를 할 차례인지 알려준다. 스마트폰 날씨 앱을 보고 오늘 낮엔 몇 도까지 올라가는지, 비 오면 비

온다, 바람 불면 바람 분다고 말해주기도 한다. 그래서 그런지 아이들은 이 아이를 똑똑한 아이라고 생각하는 것 같다. 본인 또한 그렇다고 생각한다.

아이가 아직은 나서야 할 상황과 그러지 말아야 할 상황이 헷갈려 조금은 정신없어 보일 때도 있지만, 앞으로 학년이 올라가면서 다듬어질 것이다.

지난 3월만 해도 아이는 지금과 달랐다. 입학식 날, 아이의 아버지는 아직 글자를 못 가르쳤다고 민망해했다. 말을 잘하고 붙임성 좋은 아이라 한글은 알아서 깨치려니 했는데 영 안 되더라는 것이다. 나중에 친구들에게 놀림 받을까 봐 가르쳐보려고 했지만, 어떻게 해야 할지도 모르겠고 엄마도 외국에서 오신 분이라 여의치 않았다고 했다. 걱정하지 마시라고, 학교에서 차근차근 배우면 된다고 말씀을 드려도 근심하시는 눈치였다.

막상 입학해서 보니 아이는 자기 이름이나 간단한 글자는 알고 있었다. 게다가 타고난 적극성이 있어 모르는 글자를 묻는 걸 부끄러워하지 않았다. 아이의 한글 실력은 빠르게 늘기 시작하더니 9월인 지금은 제법 읽고 쓴다.(정상적인 속도다.) 글자 모른다고 친구들에게 놀림 받지 않을까, 아빠가 걱정하던 일도 생기지 않았다. 사실 1학년 아이들에게 친구가 글자를 읽을 수 있는지 없는지는 별로 중요하지 않다.(친구가 나랑 놀지 안 놀지가 더 중요하다.)

부모의 걱정이 무색하게 아이는 오히려 눈에 띄는 아이가 되었다. 매사 적극적이고 의욕이 넘치고 반 친구들을 챙기려 애쓰는 아이, 바로 리더다.

이런 아이가 리더의 모습을 본격적으로 보여주는 건 2년 뒤인 3학년 무렵부터다. (학교마다 약간은 다르지만) 대부분 그 무렵, 학급회장을 뽑기 때문이다. 과거에 반장이라고 부르며 다들 탐을 내던 그 자리. 회장이야말로 아이가 지닌 리더십의 실질적인 증거라고 할 수 있다.

뽑는 아이들과 뽑힐 아이 모두 이때 뜨거운 경험을 한다. 그래서 많은 아이들이 출마하지만 보통 이런 성향의 아이가 압도적인 지지를 받고 선출된다. 평소 아이의 행동이 친구들에게 이미 촘촘히 배어들었기 때문이다.

일단 선거를 통해 회장으로 공인받으면 아이는 더 당당하게 친구들에게 다가갈 명분이 생긴다. 그 전까지는 아이를 '나대는 아이'로 보던 친구들도 그때부터는 정식 지도자로 인정한다.

그래 봐야 초등학교 3학년 학급회장이 뭘 할 수 있을까 싶지만, 많은 보호자들이 아이가 회장이 되는 꿈을 꾼다. 그야

말로 자리가 성격을 만들어내는 시기이기 때문이다.

일단 회장이 되면 싫어도 해야 하는 역할들, 예컨대 학급회의를 이끌고 학급을 대표하는 여러 가지 일을 하면서 저절로 그 자리에 어울리는 아이가 되어간다. 1년이 채 안 되는 기간 동안 아이의 리더십을 이렇게 키울 수 있는 기회는 학급회장 말고는 없다.

이 무렵, 아이는 아이대로 매우 떨리는 경험을 하게 된다. 고학년으로 이루어진 전교어린이회의에 참석해 발언하는 것이다. 학급회장 아이에게 가장 기억에 남는 순간을 물어보면 다들 이 순간을 꼽는다. 친구들의 의견을 모아 언니, 형아들이 참석한 회의에서 발표할 때의 긴장감 때문일 것이다. 발표는 어렵지만, 일단 하고 나면 그 순간부터 선배들(그것도 자기처럼 회장으로 뽑힌 선배들에게!)에게 리더로 인정받는다. 그 짜릿함은 오직 회장만이 누릴 수 있는 경험이다.

이런 과정을 겪으며 아이는 자연스럽게 리더가 된다. 과거와 달리 요즘은 아이들의 의사결정 과정이 미숙하더라도 학교가 가급적 존중하는 편이다. 아이들 스스로 조직의 일을 결정하고 이행하는 경험을 해볼 수 있게 하려는 것이다. 이 과정에서 회장은 훌륭한 매개자 역할을 한다.

리더는 타고나는 걸까, 키워지는 걸까.

오랜 세월 아이들을 지켜보니 타고난 리더 성향이라는 건 분명히 존재한다는 생각이 든다.

◇◆◇

1학년 아이들이 운동장 한구석에서 땅따먹기를 하고 있다. 몇 분 뒤 하율이가 갑자기 싫증이 났는지 다른 아이들을 불러 모은다.

"야, 너네 중에 그네 탈 사람, 손!"

아이들이 손을 번쩍 든다.

"그럼 니네 내 앞에 줄 서."

세 아이가 하율이 앞에 줄을 선다.

"너네끼리 가위바위보 해."

세 아이가 가위바위보를 한다. 하율이는 가위바위보를 먼저 이긴 규민이에게 말한다.

"니가 나랑 제일 먼저 타."

그리고 나머지 두 아이에게도 말한다.

"너넨 그 다음에 타고."

그러자 규민이가 나선다.

"야, 넌 왜 가위바위보 안 하냐? 너도 해야지."

"야, 내가 먼저 그네 타자고 말했잖아. 그러니까 내 말대로 해."

이번에는 다른 아이가 말한다.

"그런 게 어딨어. 공평하게 해야지. 왜 너만 빠져? 니가 선생님이냐?"

"내가 그네를 먼저 찜했잖아. 넌 가위바위보 졌으니깐 기다려야지."

"니 맘대로 할라 그러니깐 그렇지. 그네가 니 꺼냐?"

"야, 오늘은 내가 먼저 말했잖아. 그러니까 오늘은 내 말을 들으면 되지. 그네 타기 싫음 넌 안 타면 되잖아. 넌 빠져."

두 아이가 계속 설전을 벌이자 나머지 아이들이 나에게 달려온다.

"선생님! 얘가 그네 지 꺼도 아니면서 지 꺼처럼 우겨요!"

나는 하율이를 따로 불렀다.

"하율이는 그네를 갖고 싶어? 아니면 친구들과 같이 놀고 싶어?"

"친구들이랑 놀고 싶어요."

"그런데 친구들은 네가 그네를 갖고 싶다고 생각하나 본데?"

하율이는 갑자기 눈물을 흘린다. 억울한 표정이다.

"내가 먼저 그네를 찜했다구요. 그럼 내 말을 들어야죠."

"아이들은 네가 그네를 혼자 차지할까 봐 걱정인가 봐. 하지만 넌 그런 마음은 아니지?"

"네."

"그럼 아이들에게 그렇지 않다고 하면 되겠네. 그리고 너도 같이 가위바위보를 해야 해."

"그랬다가 내가 지면 어떡해요?"

"그럼 너도 기다렸다가 타야지."

"내가 그네를 먼저 찜했는데요?"

"먼저 찜했으니까 네 마음대로 해도 된다고 생각하면 친구들이 너랑 그네 타고 싶을까? 안 타고 싶을까?"

"몰라요."

"넌 결정을 해야 해. 가위바위보를 하고 친구랑 그네를 같이 탈지, 네 마음대로 하고 친구랑 못 놀지."

하율이가 인상을 쓰며 고민한다.

"알았어요. 가위바위보 할게요. 그럼 되죠?"

"그 전에 미안하다는 말도 해야 해."

"아, 또 왜요?"

"아이들이 너에게 화났잖아. 사과하고 다시 사이좋게 놀지, 계속 화내고 혼자 있을지 네가 결정해야 해. 사과할 거라면 선생님이 도와줄게. 결정은 네가 해."

하율이는 화가 안 풀리는지 주먹을 쥐고 자기 허벅지를 퍽퍽 때린다. 그러나 잠시 뒤, 표정이 누그러진다. 난 아이들을 불러 화해를 주선한다.

아이들이 가위바위보를 다시 한다. 공교롭게도 하율이가 꼴찌다. 하율이는 또 화가 났는지 그 자리에 서 있고 다른 아이들은 그네로 뛰어간다. 잠시 후, 아까 이의를 제기했던 규민이가 돌아와 하율이 손을 잡고 말한다.

"야, 너무 실망하지 마. 가위바위보는 원래 이기기도 하고 지기도 하는 거니깐. 우리 그네 타러 가자. 내가 쪼끔만 타고 너한테 양보해줄게."

그 말에 마음이 풀렸는지 하율이도 눈물을 닦으며 그네 쪽으로 간다.

이 아이들 중에서 리더는 누굴까?

하율이를 달래 그네로 데려가는 규민이다. 놀이를 선점한 아이가 정한 일방적인 규칙에 이의를 제기해 정의를 구현하는 한편, 가위바위보에 져서 밀려난 아이의 마음을 읽고 달래는 포용력까지 지녔다.

◇◆◇

아이들은 어떤 상황에서든 자신의 존재감을 드러내려 한다. 다른 사람들에게 잘 보이고 싶어서다. 자신이 쓸모 있는 존재라는 걸 증명해내지 못하면 집단에서 살아남을 수 없었던 원시 생존 본능 때문인 걸까?

그런데 아직 어리다 보니 존재를 증명하는 방법이 세련되지 않다. 똑똑하다는 걸 내보이려고 잘난 척을 하다가 오히려 견제를 받기도 하고 친구들을 이끌어보려고 무리한 시도를 하다가 "니가 뭔데?"라는 공격을 받기도 한다.

이끄는 걸 잘하는 아이가 있지만, 따르는 걸 잘하는 아이도 있다. 성향에 따라 다르다. 보통 한 반에서 이끄는 걸 잘하는 아이는 열에 두세 명이다. 나머지 아이들은 이끄는 것에 별 관심이 없다. 친구가 뭘 하자고 할 때 마음에 들면 같이 하고 마음에 안 들면 안 한다. 자연스러운 모습이다.

과거에 비해 요즘은 리더가 되려는 아이들이 많아진 느낌이다. 놀 때든 공부할 때든 조금이라도 친구들 앞에서 두각을 나타내려 애쓰는 아이들이 꽤 보인다.

좋아서 하는 거라면 문제가 없는데, 억지스러운 느낌이 드는 아이도 있다. 평소엔 따르는 역할에 머무르다가 갑자기 리더가 되려고 돌발 행동을 하는 것이다. 근데 마음만 앞서고 방법을 몰라 공격적인 모습을 보이거나, 힘을 앞세워 놀이 규칙을 바꾸기도 하고 승부를 조작하려 하기도 한다. 그것도 안 되면 떼를 쓴다. 하지만 그게 통할 리가 있나. 결국 친구들과 불화하게 되고 '징징대는 아이'나 '승부욕 강한 아이'로 인식된다. 리더가 되려면 친구들의 마음을 얻어야 하는데 친구들과 더 멀어지는 것이다.

이런 아이와 상담해보면 보호자의 욕망이 보인다. 이왕이면 무리를 이끄는 아이로 키우고 싶은 마음에 아이 등을 떠민 것이다. 그러나 어른 사회가 그러하듯 아이들 사회에서도 이끄는 아이보다 남이 이끄는 대로 따라가고 싶어 하는 아이가 더 많다. 따르는 게 편하고 따르는 걸 잘하는 아이에게 이끄는 쪽에 서라고 하면 아이는 얼마나 힘들까.

나는 상담할 때마다 보호자에게 아이의 성향을 알리지만, 만만치 않다. 이 사회가 원하는 사람이 이끄는 사람인데 아이가 수동적이면 어떻게 살아남겠느냐는 것이다.

리더십과 팔로십은 어느 하나가 더 우월하지 않고 그저 상보적이다. 리더의 뜻을 잘 이해하고 좋은 결과를 내려면 리더 못지않은 협력자가 필요하다. 참모 성향으로 태어났는데 억지로 리더 성향으로 키워진 아이가 원래 리더 성향으로 태어난 아이를 이끌 수 있을까. 설사 억지로 밀어서 리더를 시키려 해도 보호자의 말이 통하는 시기(사춘기 이전)에나 가능할 뿐이다.

결국 타고난 성향이 자발성을 키우고 그 힘으로 어떤 아이는 리더로, 어떤 아이는 협력자로 자란다. 부모로선 안타깝겠지만 어쩔 수 없는 일이다.

자라고 싶은 대로 자라는 아이

아침에 교실에 들어서자마자 정연이가 내게 묻는다.

"선생님, 쥐라기가 언제예요?"

"쥐라기? 그게 뭐더라? 쥐포는 아는데. 냠냠, 쥐포는 맛있어."

"에이, 그러지 말구요. 제가 어제 동연이(동생)한테 공룡 얘기를 해줬단 말이에요. 근데 동연이가 공룡이 언제 살았냐고 묻잖아요. 찾아보니 쥐라기에 살았대잖아요. 그래서 쥐라기라고 말해줬단 말이에요."

"잘했네. 오, 똑똑해라!"

"쥐라기 엄청 오래된 거죠? 공룡이 살았으니깐."

"응, 엄청 오래전 맞아."

"지금부터 몇 년 전이에요?"

"음… 트라이아스기와 백악기 사이가 쥐라기니까… 지금부터 일억오천만 년에서 이억 년 사이쯤인데…."

내 말이 끝나기도 전에 한 아이가 운동장을 가리키며 외친다.

"야, 형아들 교실로 들어간다. 지금 그네 비었어. 우리 타러 가자!"

그러자 그 아이를 따라 여러 명이 우르르 나간다. 교실엔 두 아이만 남았다.

"이억 년요? 헐. 그럼 팔만팔천 년(아이가 생각하는 가장 큰 수)보다 더 오래된 거죠?"

"응, 훨씬 더 오래전이야."

"그럼 그땐 사람도 원시인이었겠네, 그쵸?"

"사람은 없었대."

보통 이쯤에서 아, 그렇구나, 하고 그네를 타러 나간다. 그런데 오늘은 궁금한 게 아직 더 있나 보다.

"그럼 사람은 어디 있었는데요?"

"야, 동굴 같은 데 숨어 있었겠지. 나오면 공룡 먹이니깐, 맞죠?"

"사람이 아예 없었대."

"헐. 진짜요? 근데 지금 우린 있잖아요. 우린 어디 있다가 왔냐고요."

"어디서 온 게 아니라 그냥 생겨났대."

"에이, 그런 게 어딨어요. 혹시 우주에서 온 거 아닐까요? 화성에 얼음이 있었대잖아요. 얼음 밑에 살다가 왔을 수도 있죠."

다른 아이가 밖에서 그네 타는 아이들을 바라본다. 그러더니 자기도 그네 탄다며 나간다. 교실엔 정연이만 남았다.

"그건 아닐 것 같아. 하지만 네가 원하면 설명해줄 수도 있어."

"네, 알고 싶어요. 그래야 동연이한테 말해주니깐요."

"좋아. 뭐부터 말해줄까?"

"쥐라기엔 사람이 왜 없었을까요? 있었으면 공룡 한 마리 키웠을 텐데."

"사람이 살기에는 위험한 동물들이 너무 많았나 봐. 먹을 것도 없고."

"그럼 공룡이 다 죽은 다음에 나왔겠네요? 그땐 안 잡아먹히니깐."

"공룡이 죽은 것도 알아?"

"네, 소행성이 큰 게 떨어졌잖아요. 유카탄반도에. 폭발해

서 연기가 하늘에 쫙 퍼져서 햇볕이 못 들어오니까 공룡이
다 죽죠."

"유카탄반도?"

"네, 거기에 떨어졌대요. 어딘진 모르지만요."

"(지구본을 보여주며) 지구 반대편에 있는 동네야."

"아, 이것도 동연이한테 말해줘야겠다."

"와, 동연이는 좋겠다. 형아가 이런 것도 알려줘서."

"네, 그래서 제가 책을 많이 볼라고요. 아빠가 장에 갈 때
도서관에서 빌려다 준대요."

"오, 너네 아빠 엄청 멋지다."

"공룡이 없어지니까 그다음에 사람이 생겨났어요?"

"고릴라나 사자 같은 동물이 먼저 생겨났지. 포유류라 그
러던가?"

"사람은 아직 없었죠?"

"응, 사람은 훨씬 나중에 나왔는데 지금 우리랑은 좀 달랐
대. 털도 많고 기어다녔대."

"아하, 오스트랄로피테쿠스죠? 「혹성탈출」에 나오는 침팬
지처럼 생겼던데."

"헉, 오스트랄로…를 알다니! 완전 똑똑박사님이네."

◇◆◇

일곱 명인 우리 반 아이들 중 따로 사교육을 받는 아이는 없다. 한글 공부 방문학습지를 하는 아이가 한 명 있었는데 얼마 전에 그만두었다고 한다. 아직 공부보다는 사회성을 키울 나이라서 그런 것도 있지만, 보호자들이 아이를 편하고 자유롭게 키우려고 귀촌한 경우가 많아서다. 공부를 시키기보다는 더 많이 놀게 해달라고 하신다. 그래서인지 아이들은 놀기도 잘 놀지만 뭔가를 배울 때 사교육을 따로 받는 아이들에 비해 열심이다.

교사로 오래 살아온 내 입장에서 보면, 초등학교에 들어가기도 전에 조기교육이라는 명분으로 이런저런 공부를 시키다 아이의 학습 의욕을 너무 일찍 꺾는 것보다는 낫다.

그렇다고 일방적으로 '공부보다는 놀이'라고 양육 방식을 결정해버리는 것도 꼭 좋은 건 아니다. 이렇게 생각하는 이유는 양육자의 철학과 상관없이 공부를 '더 많이' 하고 싶어하는 아이를 꽤 보았기 때문이다. 바로 정연이처럼.

어떤 아이는 보호자에게 혼나지 않기 위해 공부를 하고, 어떤 아이는 단지 동생에게 알려주려고 공부를 한다.

수동적인 공부와 자발적인 공부, 어느 아이가 공부를 더 잘하게 될지 굳이 지켜보지 않아도 알 수 있다. 문제는 보호자가 수동적인 아이를 강제로 자발적인 아이로 바꾸려 할 때 생긴다.

정연이의 부모님은 소를 키우며 토마토를 재배한다. 두 분 모두 아이를 공부시키는 것에 흥미가 없다. 물려받은 농토가 있어 일할 뿐 생활에 큰 어려움도 없다. 아이가 괜히 도시에 나가 힘들게 살지 말고 조용한 시골에서 농사지으며 살기를 은근히 바란다. 그런데 아이의 지적 호기심이 너무 강한 게 문제(?)라고 한다.

정연이가 유치원에서 글씨를 깨친 게 기특해서 좋아하는 책을 몇 권 사줬더니 그걸 달달 외우다시피 읽고 틈만 나면 질문을 했다고 한다. 대답을 해주고 싶어도 부모님 또한 공부를 많이 하신 분들이 아니라 난감했다. 그래서 컴퓨터를 사줬는데 아이가 종일 그걸 들여다본다고 한다. 부적절한 영상도 볼 것 같아 걱정인데 감독할 수가 없어 걱정하던 차에 누가 어린이 전용 학습터(쥬니어 네이버, 유튜브 키즈)를 알려주더란다.

부모님과 상담한 뒤, 나는 정연이 부모님을 통해 받은 아이의 구글 계정으로 들어가 가끔 아이가 어떤 영상을 봤는지 기록을 확인한다.

정연이는 공룡책을 보다가 궁금한 공룡이 나오면 컴퓨터를 열고 찾아본다. 그게 재미있는지 영상을 보고 또 본다. 공룡에 대해 아는 게 많아지면서 친구들에게도 이야기해준다. 아이들은 정연이에게 궁금한 내용을 질문한다. 그러면 또 검색해서 공부한 뒤 알려준다. 그래도 모르면 내게 와서 묻는다.

그러는 동안 정연이는 친구들 사이에서 똑똑한 아이라는 인정을 받게 되었다. 이젠 다른 아이들도 놀다가 모르는 게 있으면 정연이에게 물어본다. 그러면 아이는 내게 와서 컴퓨터를 빌려 검색을 한다. 그렇게 알아낸 걸 다시 아이들에게 설명한다. 어떤 땐 사실과 다르게 설명할 때도 있지만 난 굳이 틀린 내용을 고쳐주지 않는다. 오히려 설명하는 아이의 유식함에 놀라는 척을 한다.

내 칭찬이 효과가 있는지 가끔은 다른 아이도 어디서 뭔가를 배워 와서 친구들에게 설명하곤 한다. 남에게 설명해주며 느끼는 지적 쾌감을 아는지 설명하는 얼굴에 자부심이 느껴진다.

내 아이니까 내 방침대로 키우겠다 하는 건 선택이겠지만 그렇다고 어른의 의도대로 아이가 자랄 거라고 생각하면 안 된다. 아이는 양육자와 전혀 다른 개별적 존재다.

공부를 많이 하고 싶어하는 아이를 나가서 뛰어 놀라며 밖으로 내보내면 공부를 못하게 될까? 그렇지 않다. 나가 놀면서도 아이는 공부를 생각한다.

나가 놀고 싶은 아이를 집 안에 가두고 억지로 공부를 시키면 잘하게 될까? 물론 웬만큼은 하겠지만 1등급(상위 3퍼센트 이내)안에 들기는 어렵다. 부모의 힘이 어느 정도 미치는 초등학교 때는 그런 방식이 통하는 것 같지만 사춘기 이후엔 아이의 학습 의지가 절대적이기 때문이다. 가장 나쁜 건 준비되지 않은 아이에게 억지로 학습을 강요해 약간 있는 공부에 대한 흥미마저 빼앗는 것이다.

아이는 자기가 자라고 싶은 대로 자란다. 공부가 싫은 아이는 공부하지 않는 사람으로, 공부가 좋은 아이는 공부하는 사람으로. 아이의 본성을 바꿀 방법은 없다. 생긴 그대로를 존중하며 아이가 공부나 놀이에 대해 가진 최소한의 흥미를 지킬 수 있도록 도와주는 것, 그것이 양육자가 할 일이다.

저학년 아이들은 자기가 아는 게 많다고, 똑똑하다고 생각한다. 아이들은 왜 그런 생각을 할까? 이야기를 들어보면 나름대로 이해가 간다.

"저는 책을 엄청 많이 읽으니깐요. 매일매일 세 권씩 읽어야 하거든요."

"엄마랑 백자 박물관에 또 갔거든요. 작년에도 갔었는데. ("왜 또 갔어?"라고 묻자) 작년에 대충 봤으니까 다시 봐야 한대요."

"저는 태권도 다니거든요. 그런데 거기서 어떤 날은 공부도 한다니깐요."

"저는 학원에 다니는데 거기 숙제가 엄청 많거든요. 하루도 안 빼고."

하고 싶은, 또는 할 수 있는 학습량보다 많은 양의 공부를 하니 당연히 자기가 똑똑하다고 느끼나 보다. '많이'라는 표현의 근거는 어디까지나 자기 생각이다. 책을 이미 충분히 읽었는데 더 읽어야 하거나 같은 박물관에 두 번이나 다녀왔으니 '당연히' 아는 것도 많지 않겠느냐는 말이다.

아이들에게 이런 말을 자주 듣다 보면 나도 아이들 편에 서게 된다. 아이들의 '나는 공부를 너무 많이 하고 있다'는 생각은 나중에 공부를 싫어하게 만드는 원인이 되기도 한다. 배움이 넘치는 요즘 세상에 흥미와 동기가 사라진 아이들의 학습은 좋은 결과로 이어지기 어렵다.

학부모 관점에서 아는 게 많은 아이는 공부 잘하는 아이인 경우가 많다. 하지만 이 등식이 꼭 성립하지는 않는다.

아는 게 많다는 건 말 그대로 머릿속에 지식이 많다는 것이다. 그럼 공부 잘하는 아이는 뭘까? 성적이 좋은 아이를 말한다. 성적이 좋아지려면 지식을 이해하고 구조화해서 기억하고 있다가 시험 출제자가 원하는 형태의 정답으로 도출할 수 있어야 한다. 즉, 지식을 갖고 있으면서 시험문제도 이해해야 하는 것이다.

얼핏 단순해 보이지만 두 과정의 연결 고리가 끊어져 있는 아이가 꽤 많다. 지식을 구조화해 정답으로 나타내지 못하는 경우다. 학습 활동은 많이 하지만, 아는 걸 증명하는 활동은 별로 하지 못하기 때문이다.

공부를 잘한다는 건 많이 아는 것에서 나아가 아는 걸 제대로 증명해낼 줄 안다는 뜻이다. 자신이 낸 답이 문제를 출제한 사람이 원하는 답과 같아야 정답이니까. 그러려면 상대방(답을 요구하는 사람)의 말을 잘 들어야 한다. 그 사실을 가르치기 위해 가끔 맞히기 쉽지만 정답으로 인정받으려면 끝까지 잘 들어야 하는 문제를 아이들에게 내곤 한다.

"곤충입니다. 노란색, 하얀색 예쁜 날개가 있지요. 몸은 가늘며 더듬이도 있어요. 주로 낮에 벌과 함께 꽃에 많이 날아와요. 정답은 두 글자인데 두 글자 모두 받침이 없어요. 정답이 무엇인지 국어책 13쪽의 맨 위 오른쪽 구석에 답을 쓰세요."

정답이 '나비'인 걸 아이들은 다 안다.(퀴즈를 내기 몇 분 전에 나비에 대해 배웠다.) 그래서 그런지 다들 자신 있는 표정이다. 근데 마음이 급한 게 문제다. '나비'라는 정답을 먼저 쓰고 싶은 마음이 앞서다 보니 '국어책 13쪽의 맨 위 오른쪽 구석에'라는 말까지 듣기는 어려웠나 보다. 정답을 제대로 쓴 아이는 우리 반 열다섯 명 중 단 세 명이다.

세상에! 이렇게 쉬운 걸 못 한다고? 집중해서 듣는다는 게 그만큼 어렵다. 틀린 아이들이 억울했는지 다른 문제를 내달라고 요구한다.

"선생님은 남자일까요, 여자일까요? 정답을 국어책 110쪽에 나오는 그림 중 단풍나무를 찾아 바로 아래에 쓰세요."

이 문제 역시 아이들은 모두 답을 알고 있다. 하지만 자기가 답을 알아냈다고 생각하는 순간, 뒤에 이어지는 문제의 다른 내용은 잘 안 듣는다.

결국 똑똑한(공부를 잘하는) 아이는 문제를 끝까지 잘 듣거나 잘 읽는 아이다. 나는 한 문제를 다 풀 때마다 아이들에게 이런 말을 해 준다.

"똑똑하다는 건 아는 게 많은 게 아니라 끝까지 잘 듣는 거야."

비슷한 문제가 이어질수록 정답에 가까워지는 아이가 늘어간다. 예를 들어 국어책 111쪽 맨 아래 오른쪽 구석에 있는 '111'이라는 세 자리 숫자 중 제일 끝자리 바로 위에 정답을 쓰라는 문제도 실수 없이 맞힌다.

이런 활동은 평소 덤벙거리는 아이에게 잘 통한다. 이런 아이들은 스스로 아는 게 많다고 생각할 뿐, 덤벙거린다고는 생각하지 않는다. 그동안 한 번도 덤벙거리지 않는 삶을 산 적이 없어서 모르는 것이다. 하지만 문제를 계속 틀리는 경험을 하면서 어쩌면 자기가 덤벙거리는 사람일 수 있겠다고 생각하게 된다.

그걸 깨닫는 순간, 아이의 변화는 시작된다. 아이 스스로 자기 자신을 깨닫는 순간, 정체성은 만들어진다. 결국 이 활동은 정체성을 위한 것이다.

초반에 실수하던 아이가 문제를 끝까지 듣고 침착하게 정답을 쓴 경험을 쌓아가다 보면 문제를 대하는 태도가 좋아지고 자신감도 자란다.

더 나아가 글씨를 깨끗하게 쓰거나 바른 자세로 공부하는 습관을 위해 노력하다 보면 아는 것도 많고 시험도 잘 보는 아이가 된다.

말로 내는 문제에 어느 정도 익숙해지면 그다음에는 글로 내는 문제로 옮겨 간다.

아이, 엄마, 아빠, 할아버지가 등장하는 이야기를 읽고 글에 나오는 사람 중 가장 나이가 많은 사람을 가리키는 낱말(할아버지)을 찾아 그 낱말을 '통째로 감싸는' 동그라미를 그리라는 문제가 있다. 정답을 맞히려면 문제를 잘 읽어야 할 뿐 아니라, 정확하게(과제 충실도가 높게) 동그라미를 표시해야 한다. '할아버지'라는 글자 중 한 글자라도 동그라미에서 빠지거나 글자 위로 연필 선이 비뚤배뚤 지나가게 그리면 정답으로 인정하지 않는다.

내가 까다롭게 요구하면 할수록 아이들은 더 자세하게 들으려 애쓴다. 나는 아이들이 실수할 때마다 같은 이야기를 해준다.

"똑똑하다는 건 아는 게 많은 게 아니라 끝까지 잘 듣는 거야."

횟수가 늘자 이 말을 따라 하는 아이들이 생긴다. 잘 들어야 한다고 생각하는 것이다.

그렇게 열 개 정도 문제를 내면 나중에는 거의 모든 아이가 정답을 맞힌다.

고작 30여 분의 활동이었고, 1학년 아이들의 특성상 머잖아 다시 원래 상태로 돌아가겠지만, 가끔 하는 이런 경험은 집중력 향상에 도움이 될 것이다.

물론 모든 아이가 내 마음대로 따라오지는 않는다. 정답을 맞히지 못해 화를 내거나 심지어 우는 아이도 있다. 자기는 책도 많이 읽고 학교 밖에서 따로 배우는 것도 많은데 (심지어 친구들보다 빨리 풀기까지 했는데) 인정받지 못했다며 섭섭해한다. 선생님은 그냥 문제만 내야지 왜 '국어책 13쪽의 맨 위 오른쪽 구석'에 쓰라고 하냐고 따진다.

그때마다 난 같은 말로 답한다. "정답으로 인정받고 싶으면 선생님(출제자)의 규칙을 따라야 해. 따르기 싫으면 오답을 감수해야 해."

심지어 보호자가 문자 메시지를 보낸 적도 있었다. 지금까지 아이가 즐겁게 공부해왔는데 오늘은 문제를 틀렸다며 속상해한다, 선생님의 퀴즈 출제 방식이 너무 매정한 거 아니냐, 아이가 실망해서 공부하지 않으려고 할까 봐 걱정이라는 내용이었다.

그렇게 생각할 수 있다. 하지만 이 시기 아이들은 아직 사고가 유연해서 몇 문제 틀리다 보면 다들 출제자의 규칙에 순응한다. 결국 아이 행동의 변화(자신의 방식을 고수하지 않고 타인의 규칙에 나를 맞추기)가 가능하다는 의미다. 이런 방식의 집중력 연습은 저학년 무렵이 적기다. 아이의 머리가 어느 정도 크면(자의식이 생기는 3학년 이후) 교사가 마음대로 이끌어가는 수업은 효과가 떨어진다.(아이가 연필을 내던지고 "나 안 해!" 하면 끝이다.)

아이들은 앞으로 자라면서 수많은 시험을 치르게 될 것이다. 모든 문제는 아이에게 끝까지 듣고 읽는 능력을 당연히 요구할 것이다. 또한 이 사회에서 살아가려면 상대의 말을 끝까지 듣는 태도가 반드시 필요하다.

◇◆◇

상대의 말을 끝까지 (못 듣는 게 아니라) 안 듣는 아이는 어떻게 만들어질까?

어릴 때 가정에서 만들어진다. 보호자의 말을 주의 깊게 듣지 않는 아이가 학교에서 문제를 끝까지 들을까? 그런 경우는 없다. 익숙한 사람의 말을 끝까지 들어본 경험이 누적되어야 다른 사람의 말도 잘 들을 수 있기 때문이다. 주 양육자와 어떤 방식으로 소통하며 성장했는지를 들여다보면 아이의 말하고 듣는 능력을 짐작할 수 있다.

주 양육자가 아이의 사고를 확산시키는 문장보다 단답형, 지시형의 짧은 문장— 주로 재촉이나 명령일 것이다— 으로 많이 말했다면 어떻게 될까? 이런 말을 들으면 아이는 일단 마음이 급해진다. 빨리 안 하면 혼나기 때문이다. 놀이를 금지당할 수도 있고 다른 형제와 비교당해 속상할지도 모른다. 아이에겐 이런 것들이 처벌로 느껴진다. 마음은 급해지고 끝까지 들을 여유가 없어진다. 앞부분을 대충 듣고 빨리 움직여야 혼나지 않을 테니까.

이렇게 자란 아이는 타인의 말을 끝까지 여유 있게 듣지 못하는 아이가 된다. 저학년의 공부가 지능과 관계없는 이유다.

이런 환경에서 유아기를 보낸 아이가 학교에 입학하면 어떻게 될까? 선생님에게 언제 지적을 받을지 모르니까 불안한데다, 빨리빨리 움직여야 혼나지 않는다는 생각에 성격이 급한 아이가 된다. 이런 아이는 금세 눈에 띈다.

학기 초에 이런 아이를 구별해내서 일단 안심을 시키는 게 중요하다. 공부는 천천히 해도 되고, 어떤 일이 있어도 선생님은 너를 혼내지 않을 거라는 확신을 주는 것이다.

빨리 하지 못해도 혼나지 않는다는 확신을 가진 아이는 시간에 대한 강박에서 벗어나 스스로 충분히 생각할 여유를 갖게 된다. 정서나 행동에 특별히 문제가 없는 아이라면 몇

주 만에 좋아지는데 생각보다 빠르게 변하는 아이를 보고 보호자도 놀란다. 아이가 빨리 변한다는 건 침착하고 안정된 분위기를 아이 스스로 기다렸다는 의미이기도 하다.

아이들뿐 아니라 아이의 양육자들에게도 다시 한 번 말하고 싶다.

똑똑하다는 건 아는 게 많은 게 아니라 끝까지 잘 듣는 거라는 걸. 잘 듣는 아이로 키우려면 양육자 역시 아이의 말을 잘 들어주고 아이를 기다려줘야 한다는 걸.

공주 수학여행.

백제의 기상이 서린 공산성에 오르는 아이들의 삶에는 서로 다른 꽃이 피어 있다. 어떤 아이에겐 거름이 넉넉한 환경에서 자란 크고 화려한 장미가, 어떤 아이에겐 황무지에 겨우 뿌리를 내린 꽃다지가. 장미와 꽃다지 모두 귀하고 아름다운 꽃이지만 아이들도 다 안다. 꽃다지는 장미가 팔리는 시장에 결코 나갈 수 없음을.

평소엔 비슷해 보이는 아이들이지만, 수학여행을 데리고 가보면 아이의 경제적 환경이 어떤지, 평소 어떤 경제 교육을 받았는지가 보인다.

형편이 넉넉하고 특별히 경제관념이 없는 아이들은 용돈 액수부터 다르다. 수학여행비보다 많은 돈을 쓰는 아이도 있다. 여행 전에 용돈은 적당히 보내시라고 가정으로 안내하지만 별 소용이 없다. 부모 또한 아이에게 돈 줄 형편이 되어서 주는 거니까 선생님이 신경 쓰지 말라는 태도다. 몇십만 원을 가져오는 아이도 있다. "너희를 위해 주신 돈이니 이번에 다 쓰지 말고 아꼈다가 학용품 사는 데 써라." 하고 권하면 아이들 표정이 안 좋아진다. "어차피 학용품 살 돈은 나중에 또 줄 텐데요, 걱정하지 마세요." 하며 오히려 날 안심시킨다. 이 돈은 자기 돈이고, 선생님이 주는 것도 아니면서 왜 간섭하냐고 따지는 아이도 있다.

　혹여 논쟁에서 내가 이겨도 그뿐, 이런 아이들은 내 말을 듣지 않는다. 복잡한 여행지에서 교사가 일일이 자신들의 씀씀이를 통제할 수 없다는 것도 잘 알고 있다. 꼭 봐야 할 유적지는 건성으로 지나치고 주변의 노점이나 기념품 가게에 더 오래 머문다. 물건을 살 때도 별 고민을 하지 않기 때문에 같은 물건을 여러 번 사기도 한다. 보통 아이 같으면 환불을 하겠지만, 이런 아이는 다른 아이에게 줘버린다. 교사가 못 보는 사이에 아이스크림이나 과자를 사 먹고 배앓이를 해서 일정에 지장을 주거나 식사로 제공되는 음식은 남기면서 몰래 숙소를 빠져나가 편의점에서 컵라면을 사 먹기도 한다. 갑자기 큰돈을 가지고 다니다 보니 잃어버리기도 한다. 어디에서, 얼마를 잃어버렸냐고 물으면 잘 모른다. 처음부터 얼마나 있었는지 세어보지 않아서다.

대부분 아이들이 여행지에서 보고 느낀 것에 대해 이야기하는 데 반해 이 아이들은 뭘 샀고, 뭘 먹었는지, 어떻게 선생님 몰래 숙소를 빠져나갔는지를 이야기한다. 이런 아이들에게 '수학修學여행'은 어떤 의미일까.

용돈을 조금 가져오거나, 또는 거의 가져오지 않는 아이도 있다. 부모가 경제 교육 차원에서 결정했거나, 아이 스스로 돈을 쓰지 않기로 한 경우다.

돈이 없어서 그런지 처음에 이 아이들은 돈 잘 쓰는 아이를 부러워한다. 따라다니며 얻어먹기도 한다. 용돈을 많이 주지 않는 부모를 원망하거나 신세 한탄을 하기도 한다. 하지만 곧 돈 잘 쓰는 아이들의 소비 행태가 그동안 배운 것과 다르다는 것을 알게 된다. 뭔가 지나치고 꺼림칙하다고 느끼는 것이다. 결국 돈 잘 쓰는 아이와 자연스럽게 거리를 둔다.

이런 아이들은 작은 것 하나를 사면서도 신중하게 고민한다. 노점에서 처음부터 덥석 사지 않고 기다리면 값을 더 싸게 부르는 것도 알고 친구 여럿이 한 번에 여러 개를 사면 값을 깎을 수 있다는 것도 알게 된다. '관광지라 그런지 동네 마트보다 가격은 비싼데 품질은 조악하다'는 둥 어른스러운 말을 하는 아이도 있다. 한계효용의 의미를 아는 것이다.

드물지만, 집에 돈이 없어서 용돈을 못 가져온 데다 자존감까지 낮은 아이도 있다. 이 아이들은 돈을 잘 쓰는 아이 주변에 머무르면서 부러운 시선으로 바라본다. 그러면 가끔 얻어먹을 기회가 생기기 때문이다. 두 부류의 아이들은 같이 다니기 때문에 얼핏 친한 사이처럼 보이지만, 잘 보면 돈으로 얽힌 관계다. 돈 있는 아이가 뭘 사 오라고 하면 심부름하는 아이가 쪼르르 달려가 사다 바치고 조금 얻어먹는다. 어떤 아이는 돈은 있지만 판단력이 흐린 친구에게 어떤 걸 사라고 시키기도 한다. 친구를 이용하는 것이다. 가끔은 갈취 문제가 되어 학교 폭력으로 번지기도 한다.

부모가 돈이 많아서 자식 또한 마음껏 돈을 쓰게 하겠다는 걸 교사가 막을 방법은 없다. 경제 교육이 잘된 아이는 더할 나위 없으니 걱정이 없다. 그런데 유독 돈 있는 아이에게 기생하려는 가난한 아이들을 보면 마음이 불편해진다. 그 아이들의 몸에 밴 꽃다지 그림자에서 익숙한 모습이 보여서인지도 모르겠다.

◇◆◇

오래전, 6학년을 담임할 때였다. 수학여행 신청을 받는데 안 가겠다는 아이가 있었다. 버스 타는 것도 싫고 엄마와 떨어져 자는 것도 싫다고 했다. 곧이들리지 않았다. 6학년 아이가 이런 말을 할 때는 집안 형편 때문인 경우가 많기 때문이다. 이리저리 돌려 물어보니 역시나 그랬다.

다들 여행을 가는데 혼자 남을 아이를 생각하니 애잔했다. 아이 모르게 내가 수학여행비를 냈다. 이런 경우 보통 아이들은 그런가 보다 하고 넘어가는데 그 아이는 누가, 왜 자기 여행비를 대신 내줬는지 꼬치꼬치 물었다. 처음엔 둘러댔지만, 거짓말을 계속할 수 없어 결국 내가 돈을 대신 냈다고 말했다.

아이는 아무렇지 않은 듯 수학여행을 다녀왔다. 하지만 아이가 쓴 수학여행 감상문엔 이렇게 적혀 있었다.

나는 이담에 돈을 많이 벌고 싶다.
돈을 벌면 내 돈 내고 여행 갈 수 있으니까.

기대와 다른 반응이었다. 나의 호의를 고마워할 거라고,

그리고 자신도 언젠가 누군가를 돕는 것으로 보답할 거라고 다짐할 줄 알았는데, 아니었다. 여행비를 못 내는 자신을 자책하는 걸 넘어 분노하고 있었다. 아이에게 따질 수도 없었다. 나의 호의가 아이로 하여금 모멸감을 느끼게 했으니까. 미안했다.

나는 그저 돈 몇만 원으로 작은 호의를 베풀면 그뿐이지만 받아들이는 아이의 마음에는 훨씬 복잡한 무언가가 있다는 걸 그땐 몰랐다. 그 뒤로 그 아이를 도울 때는 가능한 한 티 안 나게 도울 방법을 찾으려 한다.

그 아이 집에는 요리를 해주는 어른이 없었다. 아이는 집에서 늘 반찬 없이 밥만 먹는다고 했다. 당시 그 학교에는 급식실이 없어서 점심시간마다 교실로 밥과 반찬을 날라다 배식을 했는데 반찬이 남는 일이 잦았다. 나는 남은 반찬 중에서 잘 상하지 않는 김이나 땅콩조림 같은 것들을 몰래 아이에게 따로 싸주곤 했다.(실은 불법이다. 학교 급식의 외부 반출은 식중독 등의 사고 예방을 위해 절대 금지되어 있다.)

한번은 멸치볶음이 남았길래 일회용 비닐백에 담고 입구를 묶어 검은 비닐봉지에 한 번 더 넣은 뒤 아이 가방에 슬쩍 넣어주었다.

"집에 가서 가위로 주둥이를 오려내고 바로 먹거라."

아이는 달갑지 않은 표정이었다. 녀석, 부끄러운 모양이라고 생각했다. 그런데 잠시 후 아이가 그 반찬 봉지를 꺼내더니 쓰레기통에 버리는 것이 아닌가. 화가 났다. 철이 없어도 그렇지, 반찬 없이 맨밥 먹는 형편이라 특별히 생각해서 챙겨주었는데 그걸 버려? 나는 아이를 따로 불렀다.

"남이 먹던 것도 아니고 선생님이 깨끗하게 덜어준 반찬을 왜 버려? 네가 싫으면 동생이라도 주면 되잖아."

그러자 아이가 눈물을 뚝뚝 흘리며 말했다.

"동생도 멸치볶음 싫어한단 말이에요. 왜 선생님 맘대로 줘요? 물어보지도 않고⋯."

정신이 번쩍 났다. 맞아. 누구나 좋고 싫은 게 있지. 그런데 난 무조건 주기만 하면 된다고 생각한 것이다. 어디까지나 나의 일방적인 결정이었다.

설령 싫어하더라도 내가 특별히 배려해서 주는 거니까 고맙게 받아야 한다고 생각한 건 아닐까. 가난한 아이를 돕는 걸로 내 도덕적 우월감을 채우고 싶었던 건 아니었을까. 그런데 아이가 반찬을 버려 내 우월감에 상처가 났겠지. 그래서 발끈한 것 아니었을까. 미안하고, 창피했다.

그다음부터는 아이가 좋아하는 반찬인지 미리 물어보고

싸주었다. 비닐봉지가 아니라 플라스틱 밀폐용기를 사서 반찬을 담아주었다. 그러면서 귓속말로 덧붙였다.

"이 반찬 동생이랑 먹으면 맛있겠지? 선생님도 이거 싸 갈 거야."

◇◆◇

수학여행 하니 생각나는 몇 년 전 일이다. 그때도 수학여행을 앞두고, 아이들이 쓴 일기를 읽고 있었다. 아이들은 여행을 기다리는 설렘으로 일기장을 가득 채웠다. 그런데 눈에 띄는 일기가 있었다.

오늘 아침, 엄마가 동생더러 이번 달에는 태권도를 가지 말라고 하셨다.
"너는 아직 1학년이니까 태권도는 몇 달 쉬었다가 겨울부터 다녀. 대신 집에서 오빠랑 놀아."
그러자 동생이 울면서 소리 질렀다.
"싫어, 태권도 재미있단 말야."
나도 우리 집에서 노는 것보다 태권도가 더 재미있는 걸 알지만 동생한테 말하지 않았다.

대신 급식에서 후식으로 나온 요구르트랑 딸기를 안 먹고 동생에게 줬다.

아이가 수학여행비를 내면 동생 학원비를 낼 수 없다는 내용이었다. 한 달에 몇만 원 하는 학원비를 오빠의 수학여행비와 바꿔야 하는 아이가 설마 요즘도 있을까 싶지만, 이 풍요의 시대에도 끼니마저 위협받는 아이가 많다. 이런 아이의 선생 노릇을 해서 받는 월급 덕분에 자식의 수학여행비 걱정을 하지 않아도 되는 나는, 이럴 때 민망해진다.

그보다 며칠 전, 아이는 다른 말을 했었다.

"쌤, 저 수학여행 안 가요."

"수학여행을 안 가?"

"할머니 생신이라서요."

"그렇구나. 수학여행보다 할머니 생신이 더 중요하지. 알았어."

"네, 그래서 '진짜' 안 가려고요."

'진짜'라는 말에 무슨 사정이 있는 것 같아 마음에 걸리긴 했지만, 나는 별 의심을 하지 않았다. 스스로 여행을 포기하면서 할머니를 아끼는 마음이 기특해 손자들이 다 너 같다면 세상의 할머니들이 얼마나 행복하시겠냐, 하고 칭찬까지

해주었다. 그런데 사실은 그게 돈이 없어 꾸민 이야기였다니. 나에게 그런 핑계를 대면서 아이는 얼마나 참담했을까.

무상교육이라는 말이 기본권의 꽃인 양 회자되는 요즘 세상이지만, 아이를 학교에 보내려면 돈이 든다. 학교에서 공부는 시켜줘도 여행까지 공짜로 보내주지는 않기 때문이다. 저 아이가 수학여행을 2박 3일 가려면 돈이 얼마나 들까. 관광버스비, 숙식비, 그리고 입장료와 용돈을 생각하면 10만 원은 있어야 한다.

형편이 어려운 가정이 많은데 수학여행을 없애는 게 낫지 않느냐는 주장과 가족 단위로는 여행 갈 형편이 못 되니 학교에서라도 데려가달라는 주장 모두 안타깝다.

가난한 집 아이의 부모를 거론하며, 기를 능력도 안 되면서 무턱대고 아이를 낳느냐고 비아냥대는 사람이 있다. 그런 부모에게 태어나는 아이는 무슨 죄냐는 것이다. 그러나 막상 아이를 낳아 길러보면, 그 과정을 돈으로 환산할 수 없다는 걸 안다. 그런 말을 하는 사람들은 정말 그렇게 믿는 걸까. 아니, 아이를 키워보기는 했을까. 그런 말들을 거리낌 없이 할 수 있는 사회에서 아이를 키우는 가난한 부모는 오늘도 운다.

동생의 학원비로 수학여행을 가야 하는 아이를 보며 오래전 내가 수학여행비를 대신 내주었던 그 아이가 떠올랐다. 이번에도 가엽다고 내가 덥석 내주면 또다시 아이의 자존심에 상처를 줄지 모른다. 우선 아이의 집에 전화를 해보기로 했다.

아이에게 수학여행을 가지 말라고 해야 하는 엄마 마음은 오죽할까. 전화를 걸면 부모 마음은 더 아플 것이다. 하지만 간혹 아이가 여행비를 받아서 다른 곳에 쓰는 경우도 있으니 확인은 해야 했다.

통화해보니 아이의 말처럼 형편이 어려운 모양이었다. 이제 어떻게 해야 할까. 고민이 깊어졌다.

며칠 뒤 뜻밖의 일이 벌어졌다. 수학여행 가서 묵기로 한 숙박업소 측에서 연락이 온 것이다. 형편이 어려운 아이 몇을 추천해달라며 숙박비를 면제해주겠단다. 반가운 마음에 다시 아이의 어머니에게 전화를 걸어 일부 보조가 가능할 듯하니 보내시는 걸로 하자고 말씀을 드렸다. '나머지 비용은 정 안되면 나라도⋯'라고 생각했는데 다음 날 아침 아이가 상기된 표정으로 학교에 왔다.

"선생님, 저 수학여행 가요. '진짜'요."

"아, 그래?"

"원래는 할머니 생신이어서 못 간다 그랬잖아요."

"아, 맞아. 그랬지?"

"근데 가요. 오늘 엄마가 입금한대요. 원래는 못 가는 거였는데요. 근데 엄마가 할아버지한테 갔단 말이에요. 근데 할아버지가 돈을 주셨대요."

"아, 그랬어?"

"근데 그 돈은 제가 갚아야 돼요. 이담에 크면요."

"아, 그래?"

"그래서 축구 선수가 되든지 그래야 돼요. 돈 갚으려면요."

"(옆에 있던 다른 아이가 끼어들며) 야, 축구 선수 아무나 되냐?"

"아무튼 난 뭐든 되어야 돼. 돈 갚으려면. 뭐든 될 거야."

"(다른 아이가) 야, 그럼 시래기밥집 해. 우리 삼촌네 식당 대박 났어. 한 달에 이천만 원도 더 벌어."

"그래? 그럼 난 요리사가 되어야겠다. 선생님, 저 요리사 한번 해볼라고요!"

수학여행을 떠나던 날, 아이는 평소보다 일찍 학교에 왔다. 등에 멘 배낭엔 과자가 가득 들어 있었다. 잠시 후 저 아이 입에도 사르르 녹는 과자가 한 움큼 들어차겠지. 뽀드득 소리가 나는 버스 의자에 몸도 기댈 거야. 그리고 풍요로운 달콤함을 맛보겠지.

아이는 수학여행 내내 즐거워 보였다. 열두 살. 며칠 사이에 좌절과 희망을 연달아 맛본 아이라는 게 믿기지 않았다. 앞으로 저 아이가 가난 때문에 겪을 수많은 일들은 저 아이의 성장에 득이 될까, 독이 될까.

아이는 기념품 가게에 서서 한참을 고민하더니 엄마 선물로 이천 원짜리 효자손을, 동생 선물로 천 원짜리 플라스틱 노리개를 샀다.

그 전까지는 아이가 장래 희망에 대해 말하는 걸 한 번도 본 적이 없었다. 공부든 친구든 어느 것에도 열정이 없던 아이. 무기력하고 의욕 없어 보이던 그 아이가 겨우 수학여행비 때문에 미래를 생각하다니. 누군가에게는 별것 아닌 돈 몇 푼이 때론 한 아이의 정체성을 바꾸기도 한다.

아이들의
스트레스

1. 5학년 점심시간

아이들이 급식실에 길게 늘어서서 식판에 음식을 받고 있다. 잡곡밥, 양송이 잡채, 생선탕수, 섞박지, 동태탕, 사과. 먼저 음식을 받은 아이들이 차례로 앉아 먹기 시작한다. 나도 음식을 받아 앉는데, 한 아이가 다가온다.

"선생님, 다른 애들은 사과를 세 개 받았는데 저는 두 개밖에 못 받았어요. 이거 차별 아닌가요?"

"그래? 그럼 하나 더 받아야겠구나."

아이가 다시 식판을 들고 배식대로 가려는데 이미 다른 반 아이들이 받고 있다. 아이는 일단 먼저 먹고 나중에 하나

더 받겠다고 말하고 식사를 시작했다.

　잠시 후 배식대가 빈 걸 확인한 아이가 식판을 들고 사과를 받으러 간다. 그러나 받지 못하고 그냥 돌아왔다.

　"영양 선생님께서 안 된대요."

　"왜?"

　"더 먹고 싶다고 자꾸 주면 6학년 언니들 먹을 게 모자란대요."

　"아, 그렇겠네."

　"그럼 저 어떡해요? 저 사과 두 개밖에 못 받았어요. 불공평하잖아요."

　그러자 다른 아이들이 자기들도 두 개 받았다고 한다. 자세히 보니 두 개 받은 아이의 사과는 세 개를 받은 아이 것보다 더 크다. 배식하는 분들이 나름 크기를 계산해서 두 개, 세 개를 주신 것 같다. 그런데 아이는 사과의 개수가 신경 쓰이나 보다.

　"이거 분명히 차별 맞죠, 선생님?"

　나는 아이에게, 배식하시는 분들이 크기와 개수를 생각해서 주신 것 같으니 억울해하지 말고 맛있게 먹으라고 말했다. 아이는 자리로 돌아가 앉았지만 여전히 불쾌한 표정이다. 먹는 둥 마는 둥 하더니 아직 음식이 많이 남은 식판을 들고 일어섰다. 그러자 주변 아이들이 사과 안 먹을 거면 달라고 했다. 아이는 친구들을 외면하고 남은 음식을 잔반통에 쏟아버리고 급식실을 나갔다.

2. 영어 시간

수업이 끝날 즈음, 한 아이가 오늘은 왜 영어 학습지 안 주냐고 묻는다. 나는 오늘은 학습지가 없다고 대답했다. 그러자 아이가 다시 말한다.

"오늘 학습지 주신다 그랬어요. 지난번에요."

"아, 그랬어? 음… 근데 오늘은 학습지 없는 날인데."

"근데 지난번에 주신다 그랬어요. 분명히요."

"선생님이 다른 시간과 혼동해서 잘못 말했나 보다. 미안해. 오늘은 없어."

"지난번에 분명히 그랬는데…. (옆 친구를 돌아보며) 야, 지난번에 선생님이 오늘 학습지 주신다 그런 거 너도 들었지?"

옆자리 친구가 모르겠다고 답한다. 아이는 납득이 안 되는 표정이다.

3. 쉬는 시간

아이들 예닐곱 명이 마피아 게임을 하려고 모여 있다. 사회자를 뽑기 위해 가위바위보를 막 시작하려는데 한 아이가 말한다.

"잠깐, 가위바위보 하지 말아봐. 오늘은 내가 사회자 할 차례야."

몇몇 아이가 뭔 소리냐고 따진다. 그러자 그 아이, 정색을 하고 말한다.

"지난번에 수민이가 나한테 분명히 말했어. 다음번엔 내가 하라고."

"야, 근데 지금 수민이가 없잖아. 그리고 난 지난번 게임할 땐 있지도 않았어. 니네가 맘대로 정하는 게 어딨냐? 오늘은 가위바위보로 정하는 게 맞아."

"안 돼. 이번엔 내가 사회자 하기로 했다니까. 그럼 내가 사회자 한 번 하고 그다음에 가위바위보로 정하면 되잖아."

"헐. 그런 게 어딨냐? 나중에 수민이랑 할 때 니가 사회자 하면 되지. 지금은 다른 애들하고 하잖아. 그러니까 가위바위보로 해야지."

"야, 그럼 난 언제 사회자 하냐?"

"헐. 뭔 소리래? 너만 사회자 해야 한다는 법 있냐? 그럼 우리가 손해잖아."

그러자 다른 아이도 합세한다.

"맞아. 수민이랑 니가 한 약속을 왜 우리한테 지키라고 하는데? 우리랑 할 땐 다시 규칙을 정해야지."

"수민이가 이번엔 내가 사회자라고 했단 말이야. 지난번에 분명히 그랬어."

아이들은 그 말을 듣지 않고 자기들끼리 가위바위보를 한다. 아이는 얼굴을 붉히더니 휙 나가버린다.

4. 하교 시간

아이들이 집으로 돌아간 뒤 교실에서 서너 명의 아이들이 BTS의 노래를 틀어놓고 춤 연습을 하고 있다. 한 아이가 그 모습을 물끄러미 바라보고 있다. 표정을 보니 당장 합세하고 싶은 모양이다. 근데 왜 망설이는 걸까. 모르는 척 옆에 가서 말을 걸어보았다.

"와, BTS 노래 좋네. 너도 BTS 좋아하니?"

"당연하죠. 요즘 방탄 싫어하는 애 없어요."

"그럼 너도 같이 해보지?"

"싫어요. 저런 거 너무 좋아하다 보면 공부 못하게 돼요."

"아하, 공부 때문에 지금은 참고 있구나?"

"대학 떨어지면 어떻게 살아요. 돈도 못 벌고… 거지처럼 살아야 되잖아요."

"아하, 그렇구나."

"꿈은 제가 잡아야 제 꿈이 되는 거잖아요. 노력하지 않으면 헛된 꿈이잖아요."

"멋진 말이구나. 그 말 어떻게 알게 되었는지 물어봐도 될까?"

"우리 부모님요."

"그럼 네가 잡고 싶은 꿈은 뭔데?"

"없어요. 일단 지금은… 최선을 다하면서 준비해야죠."

민하는 꼼꼼하고 규칙을 준수한다. 행동이 정확하고 숙제도 빠뜨리지 않는다. 수업 태도가 좋아 공부도 잘한다. 여러 면에서 모범생처럼 보인다. 규범을 잘 따르기 때문이다. 그런데 융통성이 없다. 융통성은 아이와 다른 아이들의 관계를 매끄럽게 유지해주는 윤활유 같은 건데, 이게 없으니 관계가 뻑뻑해진다. 결국 친구가 없다. 정확히는 친구들이 피한다는 표현이 맞다.

꼼꼼한 성격이지만 매사 따지는 일이 잦아 호감을 얻지 못하는 아이. 친구 마음을 읽는 일보다 자기 답답함을 해소

하는 게 먼저다 보니 다른 아이들과 다툼이 잦다. 그래서 자주 토라진다. 그러면서 노여워하고 끝내는 우울해한다. 뭐든 최선을 다하는 자신이 당연히 교실의 주인공이 되어야 하는데 자기보다 수준도 낮은(공부도 못하고 생활도 바르지 않은) 친구들이 주인인 척 자기를 따돌린다고 생각한다. 그런 친구들은 상대할 가치가 없다고 생각하기도 한다. 그래서 이미 한 번 전학을 했다.

이런 아이는 끝없이 교사에게 와서 친구를 시샘하는 말을 한다. 아이가 주로 내세우는 논리는 '공평'과 '정의'다. 문제는 그 기준이 너무 개인적이라는 것. 다른 아이들에 비해 자신이 조금이라도 불리하다고 느끼면 왜 그런지를 알아보기 전에 화부터 낸다. 자주 그런 걸 보니 오랫동안 반복되어 왔던 것 같다.

고학년 아이들은 이런 아이를 싫어한다. 싫어하는 정도를 넘어 '극혐'이라는 표현을 붙이기도 한다. 자신들을 무시하면서 잘난 척하는 아이의 속사정을 받아줄 자비심은 아직 없다. '나대고 재수 없는', '공부나 쫌 하는' 어린애 취급을 한다.

그렇다 보니 친구들에게 받는 스트레스가 늘어나 그런 문제를 신경 쓰느라 공부도 소홀해지고 성적도 보통 수준으로 떨어지는 경우가 많다. 자연스럽게 자기가 흔히 말하던 '그저 그런 아이'가 되고 만다.

아이는 친구들에게 미움 받고 성적까지 떨어진 자신을 인정하지 못한다. 혼자 있는 시간이 많아지고 우울해진다. 사회성을 키워주지 않고 공부만 시킨 아이가 사춘기를 맞을 때 보이는 전형적인 모습이다.

이런 아이들은 어떻게 가르쳐야 할까.

어릴 때부터 남들보다 불리하면 화를 내라고 가정에서 가르치지는 않았을 것이다. 다만 남보다 잘하면 칭찬을 과하게 했거나 남들보다 부족한 점을 지적받은 경험이 쌓였을 것이다. 반복되는 지적은 효과가 있어서 아이를 빠르게 변화시킬 수 있지만, 대신 아이의 사회성을 약하게 만든다. 다른 아이와 자신을 비교하는 것에 너무 매달리기 때문이다.

교사는 이런 아이를 너무 편들어주면 안 된다. 자기 행동이 옳아서 교사가 지지한다고 받아들일 수 있기 때문이다. 아이는 자기 생각을 강화하고 그 생각을 친구나 동생에게 강요하게 될 것이다. 더 나아가 상대가 자기 말을 따르지 않으면 화를 내고(정확하게는 상대에게 이해받지 못하는 자신에게 화가 나는 것이지만), 혹시라도 상대 아이가 공부를 못하는 아이면 멸시한다.

반대로 교사가 너무 강하게 아이를 압박하거나 몰아세우

는 것도 위험하다. 안 그래도 친구들이 따돌린다고 느끼는데 교사까지 자기를 미워한다고 생각해 상처를 받을 수 있다.

◇◆◇

어느 날 하교 시간. 아이들이 서둘러 가방을 챙겨 교실을 나가는데 민하가 다른 아이들이 귀가하기를 기다렸다가 다가왔다.

"선생님, 여쭤볼 게 있는데요. 우리 반에서 윤지랑 저랑 누가 더 영어 잘해요?"

"음… 선생님 보기엔 둘 다 잘하는데?"

"아뇨, 그런 말 말고요. 둘 중 누가 등수가 높냐고요."

"음… 비슷할 것 같은데… 따로 시험을 보지 않는데 등수를 어떻게 알 수 있을까?"

"지난번에 학원에서 스펠링 테스트를 했는데 제가 이겼어요."

"와, 잘했구나. 기분 어땠어?"

"당연히 좋았죠. 그럼 윤지보다 제가 영어 더 잘하는 거죠?"

"음… 그런가? 학원에 여쭤봐야겠네. 학원에서 봤으니까."

"그럼 우리도 내일 영어 단어 시험 봐요. 내일요, 알았죠?"

다음 날 영어 시간이 끝나갈 무렵, 나는 아이들에게 스펠링 퀴즈 몇 문제를 냈다. 아이들이 각자 답을 적자 칠판에 정답을 써주고 스스로 채점을 해보게 했다. 스물일곱 명 중 열다섯 명이 만점을 받았다.

쉬는 시간이 되자 민하가 다가와 따지듯 말했다.

"선생님! 어휴, 문제를 그렇게 쉽게 내시면 어떡해요!"

"쉬운 거 아닌데? 이번 단원에서 배운 단어들이야."

"저랑 윤지랑 둘 다 백 점이잖아요."

"그러게. 너네 둘 다 참 잘했어."

"학교에서 배운 거 말고 어려운 단어 시험 봐요. 제가 학원에서 시험 보는 걸로요."

"음… 그건 곤란할 것 같은데? 그 학원에서 안 배운 아이들은 불리하잖아."

"그럼 다른 애들은 전부 빼고요. 저랑 윤지랑 둘만 보면 되잖아요. 우리 같은 학원 다녀요."

"그래? 그럼 너희 둘이 하렴."

"윤지가 싫다고 할걸요. 저보다 못 보면 쪽팔릴까 봐 그러는 거예요."

"그래도 선생님이 대신 결정할 수는 없겠는데? 너와 실력을 겨룰지 말지는 윤지가 결정할 일이야."

공부를 목적이 아니라 친구를 이기기 위한 수단으로 여기는 아이가 끝까지 공부를 잘할 수 있을까. 아쉽지만 이런 아이들은 초등학교를 벗어나는 순간, 공부할 동력을 잃는다. 공부는 승부욕만으로 되는 게 아니기 때문이다. 민하처럼 목적과 수단을 혼동하다가 급기야 공부에 흥미를 잃고 좌절해 엇나가는 경우를 많이 봤다. 지금은 어떻게든 아이의 끓어오르는 분노를 식혀줘야 한다.

"근데 궁금하구나. 윤지랑 굳이 왜 겨루려고 하니?"

"윤지가 자꾸 애들한테 잘난 척하니까 그렇죠. 지가 잘난 것도 없으면서."

"선생님 볼 땐 너희 둘 다 잘났어. 넌 공부를 잘하고 윤지는 친구가 많잖아. 그런 거 아무나 못하는 거거든."

"근데 애들은 윤지하고만 놀잖아요. 저는 공부 잘하는데."

"맞아, 너 공부 잘하지. 그런데 선생님이 1학년부터 6학년 언니들까지 다 가르쳐보니까 말이야… 애들은 공부 잘하는 친구보다 친절한 친구를 원하는 것 같아."

"공부 잘하면 좋잖아요. 분수 통분하는 것도 가르쳐주고 고려청자 조사해오는 숙제도 제가 다 보여줬는데…"

"그랬니? 잘했구나. 그럼 너에게도 친구가 많아질 거야. 그건 선생님이 장담할 수 있어."

"근데 애들이 저 대신 윤지랑 더 놀려고 그러잖아요."

"친구들도 머잖아 너의 친절에 감동할걸. 빠르면 며칠 만에 그렇게 되기도 하더라. 두고 봐. 선생님 말이 맞을 거야."

"근데 애들이 다 저랑 놀려고 하는 건 좀 싫어요."

"왜 그럴까?"

"그 애들하고 다 놀아주다 보면 공부할 시간이 모자라니까요."

"그렇겠구나. 그럼 어떻게 하면 네가 가장 행복할까?"

"음… 어떤 땐 저랑 놀고… 제가 공부해야 할 땐 윤지랑 놀면 좋겠어요."

"아, 그렇구나. 곧 너에게 친구들이 생길 테니 그때 말해봐. 잘될 것 같구나."

"근데… 전 솔직히 더 많이 놀고 싶긴 해요. 그래도 공부해야 돼서…."

"그러면 공부 시간과 놀이 시간을 나눠서 계획표를 만들어야겠는걸?"

"네, 애들이 금요일에 시내 나간다는데 저는 독서논술 가는 날이거든요… 그래도 엄마한테 한번 말해보려고요…."

◇◆◇

　부족한 사회성은 대부분 부족한 어울림이 원인이다. 부대
낄 시간이 충분히 주어지지 않아 어울리는 방법을 익히지 못
하는 것이다. 어떤 말, 어떤 행동을 하면 친구들이 좋아하고
싫어하는지 아이가 충분히 경험하게 해야 한다.

　특히 말이 유창해지고 사회적 관계의 폭이 넓어지는 4~6
세 무렵에 많은 친구와 어울릴 필요가 있다. 이 시기에 사회
성이 급격히 자라기 때문이다.

　이 무렵 아이는 분위기를 파악하는 방법을 익히고 상대의
표정을 살펴 마음을 읽는 연습을 한다. 다양한 성격의 또래
들을 만나 어울려 노는 게 좋다.

　그러나 요즘은 과거에 비해 아이들이 어울릴 기회가 줄어
들고 있다. 공부를 해야 하기 때문이다.

　아이들이 하는 공부의 양과 질은 아이 의견보다 보호자의
판단에 의해 결정된다. 처음부터 공부에 재주가 없는 아이
라면 오히려 자유로워질 수 있지만 이 아이처럼 공부를 곧잘
하면 보호자 입장에서 내려놓기 어렵다.

　아이에게 좀 무리가 되겠다는 생각이 가끔 들고 공부를
해야 하는 아이의 처지가 딱하게 느껴지기도 하지만 막상 시

키면 시키는 대로 해주니 계속 시키게 된다. 아직 진로가 정해지지 않은 초등학생 때, 보호자들의 마음이 대체로 이러하다.

아이는 공부가 힘들고 지겹지만 해야 한다고 느낀다. 자기 삶에 공부보다 중요한 가치는 없어 보인다. 지금 당장은 친구가 없어도 공부만 잘하면 나중에 얼마든지 친구를 사귈 수 있다는 보호자의 말에 매달린다. 여기서 '나중'은 대학에 합격한 이후를 의미하는 것 같은데 그 시기는 너무 먼 미래여서 아득하게 느껴진다. 가끔은 공부를 그만하고 마음껏 놀고 싶기도 하지만 보호자가 실망할 걸 생각하니 차마 엄두가 안 난다.

그렇게 속으로 삭여가며 학교를 다니다 보면 스트레스를 받을 때도 있을 것이다. 그럴 때 아이는 사과 한 쪽에 마음이 상하고 뜻대로 되지 않는 놀이에, 친구들에게 인정받지 못하는 스스로에게 화가 날 것이다. 그래서 '공평'이나 '정의' 같은 보이지 않는 가치에 매달리고 어떻게든 자신의 존재를 드러내고 싶어 친구와의 경쟁에 집착하기도 한다. 그리고 결국 그런 자신에게 화가 난다. 독불장군 같지만 실은 본인이 가장 외롭고 힘들다.

"사실은 사과 두 쪽이 문제가 아니라 공부 스트레스 때문이었구나?"

"그런 것 같아요. 사과를 보니 억울해져서…"

"친구들이 너를 속 좁다고 생각할까 걱정인데?"

"괜찮아요. 애들이랑 별로 친하지도 않아요."

"선생님이 대신 네 맘을 말해줄까?"

"…그럼… 제가 속 좁은 아이 아니라고 말해주세요. 공부 때문에 스트레스 받지만… 아니, 공부 스트레스는 말하지 마세요."

"왜?"

"애들이 재수 없다 그럴까 봐요… 잘난 척한다고."

공부든 연애든 직장에서 살아남기든, 감당하기 어려운 스트레스를 받으면 누구나 엇나가는 말이나 행동을 하게 된다. 사실 어른들도 마찬가지라고, 원래 사람은 다들 그렇다고, 아이에게 말해주고 싶다. 인간은 원래 나약한 존재라고, 너뿐 아니라 친구들도 그렇다고. 아이가 내 말을 이해해줄까.

아이는
자신의 인생을 산다

벌써 30여 년 전의 일이다.

3월 초, 6학년 교실. 막 새 학년이 시작되어 아이들 얼굴 익히느라 정신이 없는데 반 아이의 보호자 한 분이 사전 연락도 없이 상담을 오셨다.

갑작스러운 상담에 무슨 말을 해야 할지 몰라 어색하게 있는데, 작정이라도 한 듯 먼저 이야기를 꺼내셨다.

"우리 영주를 음악 시간에 반주자 시켜주세요, 선생님. 이 부탁 드리려고 이렇게 일찍 왔어요."

나는 약간 당황했지만 대답했다.

"네, 알겠습니다. 하지만 다른 아이도 반주를 하고 싶어하면 교대로 하게 해도 되겠지요?”

"선생님… 어려우시더라도 우리 영주한테만 시켜주세요. 그래서 제가 이렇게 일찍 찾아뵙고 부탁드리잖아요. 작년 담임 선생님도 그렇게 해주셨어요.”

영주 어머니는 가방을 열더니 파일을 하나 꺼냈다. 그 안에는 아이가 각종 대회에서 받은 상장들이 날짜별로 꽂혀 있었다. 일일이 하나하나 손가락으로 짚어가며 설명하셨다. 어디에서 열린 콩쿠르이고, 거기까지 데려가느라 새벽에 일어나 버스를 몇 번 갈아탔고… 설명이 길어졌지만 말을 중간에 끊기가 어려웠다. 상장 중에 1등상도 여럿 있는 걸 봐서 실력이 좋은 아이 같았다.

영주 어머니는 자신이 상담을 왔다는 걸 아이에게 알리지 말아달라고 했다. 사춘기에 접어든 아이가 자칫 엄마의 행동을 싫어할까 봐 염려하는 눈치였다. 상담 내내 간절한 표정이었다.

담임과 첫 대면에서 이런 요구를 하는 보호자는 드물다. 오죽하면 이러실까 싶어 나는 그분의 부탁대로 아이를 도와줘야겠다고 생각했다.

피아노를 조금이라도 배운 아이들은 음악 시간에 반주를 하고 싶어한다. 학교에서 반주를 시키려고 일부러 피아노를 가르치는 보호자도 있다. 아이들은 자기가 반주할 차례가 오면 평소보다 더 열심히 피아노 연습을 한다. 6학년 음악 교과서에 나오는 노래라야 어지간한 가요보다 반주가 쉬워 굳이 연습할 필요가 없을 텐데도, 반주하는 아이들은 마치 큰 연주회를 앞둔 것처럼 신경을 쓴다. 그 덕분에 평소에 잘 안 하던 피아노 연습을 더 한다고 보호자들도 좋아한다. 영주 어머니 역시 이런 마음이실까.

드디어 첫 음악 시간. 영주에게만 반주를 부탁하면 형평성 문제가 생길 것 같아 먼저 반 아이들에게 반주를 하고 싶은 사람이 있는지 물었다. 몇몇 아이가 생각은 있는 것 같은데 손을 들지 않았다. 다시 천천히 아이들에게 묻고 영주를 슬쩍 보았다. 영주는 티 나지 않을 정도로 고개를 조금 돌려 내 시선을 외면했다. 단호한 거부 의사가 느껴졌다. 뭐지? 엄마 말씀과는 너무 다르잖아. 학년 초라 튀지 않으려고 일부러 싫은 척하는 건가?

나는 다음 날 다시 반주자 지원을 받겠다고 하고 그날은 그냥 넘어갔다.

학교가 끝나고 아이들이 돌아간 뒤 영주 어머니에게 전화를 걸었다.

"영주가 반주자로 지원하지 않는데요?"

"아유, 선생님… 그러니까 물어보지 마시고 우리 영주더러 그냥 하라고 말씀해주시면 되는데."

"그냥 시키라고요?"

"갠 지 입으로 하겠단 말은 못 하는 애예요. 그래도 선생님이 시키면 해요."

"…6학년 아이가 스스로 하겠다고 나오지 않을 때는 그럴 만한 이유가 있을 것 같은데요. 우선 그걸 먼저 살펴보시는 게…."

"아유, 갸는 원래 지가 알아서는 못 한다니까요. 어릴 때부터 그런 애예요. 그래도 시키면 열심히는 해요. 선생님이 그냥 하라고 말만 해주세요. 작년 선생님도 그렇게 해주셨는데…."

말끝마다 작년 담임 이야기를 하시는 걸 보니 뭔가 있는 것 같았다. 나는 영주의 5학년 때 담임 선생님을 찾아갔다.

"휴… 영주 엄마 보통 아니에요. 송 쌤이 처신 잘해야 할걸."

"처신이요?"

"그분이 영주 잘 봐달라고 부탁 많이 하실 거야. 하지만 함부로 약속하면 안 돼요. 반드시 해줘야 하거든. 안 해주면 난리 나요."

"난리요?"

"작년에도 음악 시간에 반주 시켜달라고 하시더라고. 근데 영주는 신청 안 하고 다른 두 아이가 지원을 한 거야. 다음 날 영주 엄마가 학교로 찾아와서 영주도 포함시켜달라는 거지. 그래서 내가, 영주가 지원을 안 했는데 담임이 임의로 끼워 넣으면 담임과 아이들의 신뢰에 문제가 생겨 곤란하다고 말씀드렸거든. 그랬더니 영주 엄마 표정이 좋지 않더라고."

당시 담임과는 대화가 안 된다고 생각했는지 영주 어머니는 반주자로 지원한 두 아이를 직접 만나 간식을 사주며 영주도 반주에 끼워달라고 했단다. 그 일을 계기로 영주는 아이들의 따돌림을 받게 되었다.

고학년이 되면 아이들은 교실 안에서 이루어지는 일의 절차와 형식이 정의로운가, 그렇지 않은가에 대해 관심이 많아진다. 정의롭지 않으면 자신이 피해를 볼 수도 있다는 걸 알게 되는 것이다. 아이들이 보기에 영주의 일은 편법이었다. 공개적으로 희망하지 않으면서, 엄마의 개입으로 반주 자리를 얻으려는 꼼수에 아이들은 냉담했다.

결국 영주의 반주는 없던 일이 되었지만, 그로 인해 아이들이 분열되어 담임도 힘들었다고 한다. 그런데 올해도 내게 바로 찾아오신 걸 보면 영주 어머니는 아직 영주와 친구들의 불편한 관계를 눈치채지 못했나 보다.

"안 그래도 올해는 반주 희망자가 아무도 없어 이상하더라고요."

"아마 영주 엄마 때문일 거예요. 작년에 있었던 일이 학교에 다 소문났거든요. 아이들이 영주와 엮이고 싶지 않은 거죠. 영주 엄마가 영주에 대한 기대가 좀 많아요. 영주가 잘하기는 하지만… 가끔 보기 안쓰러웠어요."

◇◆◇

다음 날, 난 다시 반주 희망자가 있는지 물었다. 역시 아무도 희망하지 않았다. 이대로 가면 올해도 아이들과 담임의 관계가 힘들어지겠다는 생각이 들었다.

"흐음… 반주하고 싶은 친구들이 많을 것 같은데… 어째서 우리 반은 희망자가 없는지 궁금하지만 뭐, 싫으면 할 수 없지. 너희들에게 어떤 사정이 있는지는 모르지만 신청자가 없으니 우리 반은 반주가 없는 걸로 하자."

그렇게 논의를 끝낸 다음 수업을 시작했다.

그날 점심시간에 선미가 찾아왔다.

"저… 반주하고 싶어요. 근데 이번에도 영주네 엄마가 뭐라 그럴까 봐요."

"영주 엄마가? 뭐라고 하시는데?"

"영주 끼워주라고요···."

"영주를? 영주는 반주 신청을 안 했잖아."

"네, 그런데 작년에 끼워주라고 영주 엄마가 찾아오신 적이 있어요."

"그랬구나. 만약에 찾아오시면 선미는 어떻게 하고 싶니? 영주를 끼워줘야 할까?"

"···작년에 영주 엄마께서 자꾸 말씀하셔서 영주를 끼워줬어요. 근데 그것 땜에 저희 엄마랑 영주 엄마랑 싸웠어요."

선미는 이번에도 두 엄마가 다툴까 봐 걱정되어 반주를 포기하려 했다고 한다. 고운 마음을 지닌 아이다. 보통 6학년 아이라면 이런 일에 대해 영주 어머니의 태도를 비난하고도 남을 텐데, 아이는 영주 입장이 난처할까 봐 말을 아끼는 것 같았다. 난 용기를 내 지원해줘서 고맙다고, 혹시 영주 어머니가 뭐라고 하시면 내게 말해달라고 부탁했다.

점심시간이 끝난 뒤, 나는 아이들에게 선미가 반주자에 지원했다는 사실을 얘기하고 추가로 반주자를 하고 싶은 사람이 있는지 물었다. 아무도 없자 칠판에 '반주자 결정! 박선미'라고 써서 공표했다.

그런데 마음 한편이 편치 않았다. 작년 담임 말대로라면 영주 어머니가 또 찾아올 것이고 내가 요구를 안 들어주면 또 선미를 만나 같은 방식으로 부탁할지 모르겠다는 생각이 들었다. 그러면 선미는 상처 받을 것이다.

작년에 일어난 일을 자세히 알아보려고 선미 어머니에게 전화를 걸었다.

"선생님께 이런 말씀 죄송한데… 영주 엄마 보통 아니세요. 전에 아이들 단체 사진을 찍었는데 영주가 키가 커서 선생님이 구석에 세우고 찍었거든요. 그걸로 선생님한테 항의한 적도 있어요. 왜 자기 아이를 구석에 세웠냐고…."

"그런 일이 있었군요?"

"애들이 영주랑 조금만 시비가 생겨도 집집마다 전화하시고… 난리도 아니었어요. 엄마들이 영주 엄마라고 하면 다들 학을 떼요."

"영주 어머니가 그러시는 무슨 계기 같은 게 있었을까요?"

"전부터 그랬대요. 이번에 영주랑 같은 반 된 엄마들이 벌써부터 걱정하잖아요. 저도 선미한테 반주 하지 말라고 했는데 얘가 반주를 하겠다고 했다면서요? 걱정이네요."

당장 영주 어머니를 만나야겠다는 생각이 들었다. 그리고 먼저 영주와 대화를 해보고 싶었다. 모든 것이 영주의 태도와 관련 있기 때문이다.

수업을 끝내며 영주에게 잠깐 남아달라고 부탁했다. 아이들이 모두 하교하자 나는 영주와 마주 앉았다.

"영주가 피아노 잘 친다는 소문이 있더라. 상도 많이 받았다며? 그런데 왜 반주자 지원을 안 했는지 물어봐도 될까?"

"싫어서요… 저는 혼자 피아노 치는 걸 좋아하기는 하는데… 앞에 나가서 치면 떨려서요."

"혹시 엄마와 피아노에 대해 이야기 자주 하니?"

"엄마가 나중에 피아니스트 되래요."

"와, 멋지네. 영주도 피아니스트 되고 싶어?"

"싫어요. 매일 버스 타고 학원 가는 게 힘들어요. 전 유치원 선생님 되고 싶어요. 그런데 엄마는 피아니스트 되래요."

"혹시… 그래서 반주자를 지원 안 했니?"

"네, 요즘 콩쿠르 준비 때문에 매일 세 시간씩 똑같은 곡을 연습하는데 엄청 지겹고 힘들거든요. 학교에서는 안 치고 싶어요."

"엄마는 네가 반주를 하면 피아노 연습에 더 도움이 될 거라고 생각하시던데?"

"알아요. 작년에도 그랬어요. 근데 제가 치는 피아노랑 음악책 반주는 다른 거예요. 엄마가 알지도 못하면서 그러시는 거예요."

"그렇구나. 그럼 엄마께 그 말씀을 드리면 어떨까? 그럼 엄마가 신경 안 쓰셔도 될 텐데.”

"우리 엄만 말해도 몰라요. 피아노를 안 배웠으니까요.”

"…친구들이 영주를 조금 멀리하는 것 같던데… 혹시 이유를 알고 있니?”

"네, 엄마가 저 반주 시키려고 애들한테 말해서요.”

"그 일에 대해 알고 있었니?”

"네, 엄마가 말해줬어요.”

"이번에도 엄마가 선미에게 너 반주 끼워달라고 말씀하실까?”

"그럴지도요. 그래도 전 하기 싫어요. 안 해도 되죠?”

"그럼. 네가 싫으면 안 해도 돼.”

영주는 나와 이야기하는 내내 손가락이 아픈지 계속 주물렀다.

아이가 돌아간 뒤, 바로 영주 어머니에게 전화를 걸었다. 아이가 피아노를 힘들어하고, 특히 콩쿠르에 대해 부담을 느껴서 학교생활에 활력을 잃는 것 같다고 말씀드렸다.

"아유, 우리 영주뿐 아니라 콩쿠르 할 땐 원래 다 그래요. 상 받으려면 콩쿠르 곡을 죽어라 쳐야지 그럼 어떡하겠어요? 선생님도 옆에서 칭찬 좀 많이 해주시고 콩쿠르 준비 열심히 하라는 말 좀 부지런히 해주세요.”

"영주가 피아노 치기 싫다고 하던데요. 그것도 살펴보시는 게 좋겠습니다."

"암요, 제가 매일 살피지요. 하기 싫냐고 매일 물어보는데 지도 좋다고 그래요. 요즘 애들 얼마나 공부하기 좋아요? 저 어릴 적엔 하고 싶어도 돈이 있기를 해요, 부모가 시켜주기를 해요?"

"영주가 손가락이 아프다고 하던데… 계속 아프면 병원에…"

"(내 말을 끊으며) 아유, 그 말은 항상 해요. 그럼 매일 피아노 치는데 안 아프겠어요? 선생님은 칭찬이나 많이 해주세요."

대화가 물 위에 뜬 기름처럼 섞이지 않고 평행선을 달리는 느낌이었다. 그래도 나는 원래 하고 싶었던 부탁을 드렸다.

"혹시 작년에 반주에 관한 일로 아이들을 만나셨습니까? 아이들이 그 일 때문에 영주와 사이가 불편해질까 봐 걱정입니다."

"아, 그 얘기요? 작년 그 애들, 영주보다 피아노 조금 친 애들이에요. 실력은 비교가 안 돼요. 걔들은 콩쿠르도 한 번 못 나갔던 애들이에요."

"올해는 영주가 분명히 반주를 하지 않겠다고 저에게 이미 말을 했고, 그래서 다른 아이가 하기로 했으니 반주 이야기는 이걸로 마무리하면 좋겠습니다."

"서운해요, 선생님. 선생님은 제 부탁을 꼭 들어주실 줄 알았는데…."

나는 반주 일로 아이들과 영주의 관계가 서먹해지는 일이 없게 해달라고 완곡하게 부탁을 드렸다. 하지만 며칠 뒤 영주 어머니는 선미를 만났고 다시 소문은 교실에 퍼졌다.

아이들의 곱지 않은 시선을 느낀 영주는 거의 말이 없었다. 손가락이 아픈지 틈날 때마다 주물렀다. 선미 또한 불편하긴 마찬가지였다. 자기가 당당히 지원해서 반주자 자격을 얻었는데 영주를 의식하게 된 것이다. 그럴 때마다 나는 선미를 격려했다.

시간이 지나 아이들은 그 일을 잊고 다시 몰려다니며 신나게 지냈다.

영주 어머니는 내게 실망하셨는지 한동안 상담을 안 오셨다. 아이를 잘 키워보려는 생각이셨을 텐데 내가 너무 냉정하게 나갔나, 마음이 편치 않았다.

◇◆◇

여름에 접어들 무렵, 영주 어머니는 다시 학교를 찾아왔다. 손에 상장을 들고.

영주가 콩쿠르에서 최우수상을 받은 것이다. 난 영주를 교실 앞으로 나오게 해서 칭찬을 해주었다. 아이들도 박수를 쳐주었다.

분위기가 좋아진 김에 나는 피아노를 가리키며 콩쿠르에서 쳤던 곡을 연주해줄 수 있겠느냐고 물었다. 영주가 고개를 저었다. 보통 이 상황이면 아이들이 박수를 한 번 더 치며 청하고 아이도 그에 떠밀리듯 연주를 하곤 하는데, 아이들은 박수를 치지 않았다.

겉으론 아무 일 없어 보이는 교실이었지만 은근히 영주가 신경 쓰였다. 내가 교실에 있을 땐 아이들이 영주와 어울리는 것 같았지만 결정적일 때 거리를 두는 듯했다. 실과나 과학 시간에 영주와 같은 모둠이 되면 아쉬워한다든지 수학여행 버스 자리를 정할 때 영주를 짝으로 고르지 않는다든지. 영주 또한 교실에서 주로 혼자 있거나 친구들에게 곁을 주지 않는 방식으로 알아서 먼 곳에 머물렀다.

다른 학부모에 비해 상담을 자주 오는 영주 어머니에게 이런 반 분위기에 대해 여러 번 알렸지만, 그다지 심각하게 여기지 않는 것 같았다. 영주가 원래 애들하고 어울리는 걸 좋아하지 않고 이 동네 애들은 누구 하나 배울 점이 없다는 것이다. 영주가 피아노를 그만두고 싶다는 일기를 쓴 걸 보여드렸을 때에도 마찬가지였다.

"선생님, 우리 영주가 이제 겨우 6학년이잖아요. 뭘 알아서 지가 피아노가 좋은지 싫은지 알아요? 애가 어릴 땐 엄마가 끌어줘야지요. 지금 영주 친구들 좀 보세요. 부모들이라고 애를 낳아만 놓았지, 아무것도 안 시키고 매일 놀리잖아요. 걔들하고 어울려 뭘 배워요? 그러느니 피아노라도 배워놓으면 좋지 안 그래요? 영주 오빠도 그렇게 공부 싫다고 동네 애들 쫓아다녔는데 그래도 제가 잡고 시켜서 결국 교대 보냈잖아요. 부모가 자기 인생 즐기느라 게을러서 애들 못 키우지, 정신 차리고 키우면 애들은 다 따라와요. 선생님도 애 키워보면 다 알아요."

어머니가 보시기에 난 현실을 모르는 '이상적인' 담임이었다. 어떤 조언을 드려도 받아들이지 않고 도리어 나를 설득하려 하셨다. 다른 건 몰라도 그가 자식을 잘 키우려고 애쓴다는 건 느낄 수 있었다.

어머니의 마음을 알기에 나는 영주와 자주 상담을 했다. 영주 또한 내가 마음을 받아준다고 생각했는지 힘들 때마다 일기에 써서 냈다.

"피아노 치는 거 많이 힘드니?"

"네, 너무 오래 쳤나 봐요. 지겨워요."

"지금도 손가락 많이 아프니?"

"손가락은 괜찮은데… 애들하고 놀고 싶어도 피아노 학원을 가야 하니까…."

"아이고, 시간이 없어서 힘들겠구나."

"피아노 선생님이 그러시는데 제가 요즘 슬럼프래요."

"아하, 그래서 잠시 피아노가 싫어지는 거구나?"

"근데 피아노를 오래 치려면 슬럼프가 왔을 때 대처하는 방법을 생각해두어야 한대요."

"영주의 대처법은 뭐니? 궁금한데?"

"피아노 학원 며칠 쉬는 거요. 근데 엄마 땜에 가야 돼요."

"엄마는 네가 매일 조금씩이라도 연습을 해야 한다고 생각하셔서 그럴 거야."

"근데요. 우리 엄마는 제가 학원에 가면 무조건 피아노를 치는 줄 아나 봐요. 어떤 날은 안 치고 놀다 오는데."

"아이고, 그건 엄마를 속이는 건데? 엄마가 아시면 속상하시겠다."

"근데 자꾸 학원에 가라고 하잖아요."

"네가 콩쿠르에서 상을 받을 정도로 잘하니까, 엄마 입장에서 네 재주를 키우고 싶으신가 봐. 너에게도 고마운 일이겠지?"

"고맙긴 한데… 너무 그러니까요. 우리 학원에서 저만 매일 세 시간씩 쳐요. 애들은 일찍 가는데…"

영주는 그렇게 투덜거리면서도 어머니의 뜻에 따라 피아노 연습도 공부도 열심히 해나갔다. 그렇게 힘겨운 한 해를 보내고 졸업해 중학교에 진학했다.

◇◆◇

영주가 졸업한 뒤에도 가끔씩 영주 어머니가 하는 식당에 밥을 먹으러 가곤 했다. 영주가 어릴 때 이혼하고 차린 식당이었다. 학교 근처에 있었는데 작지만 음식이 맛있었다.

영주 어머니는 내가 갈 때마다 기다렸다는 듯 영주 얘기를 쏟아놓으셨다. 영주가 지금 피아노 어느 단계를 통과했고, 어느 콩쿠르에 나가 어떤 상을 받았다는 이야기였다.

나는 영주가 친구들과 잘 지내는지 가끔 여쭤봤지만 그럴 때마다 항상 같은 말, 별문제 없다는 대답이었다. 엄마가 이렇게 뒷바라지를 열심히 하는데 애가 무슨 걱정이 있겠느냐고만 하셨다.

그런데 어느 날, 영주가 엄마 몰래 피아노 학원을 빠지고 시내에 놀러 가는 일이 생겼다. 영주 어머니는 그날 처음으로 영주를 때렸다고 했다.

"아이고, 영주를 때리셨다고요?"

"아, 걔가 엄마, 잘못했어요. 당장 피아노 치러 갈게요, 이러면 되잖아요. 그런데 그날은 지 친구들 앞이라 그런지 눈에 불을 켜고 대들더라고요."

"영주가 대들어요?"

"왜 자기만 피아노를 매일 쳐야 되냐는 거야, 글쎄. 아니, 내가 언제 싫은 거 하라 그랬나? 지가 좋대서 돈 싸가지고 보냈잖아요. 내가 지 피아노 시키느라고 얼마나 애를 쓰는데. 그래서 등짝을 때렸는데, 그렇게 서럽게 울대요. 애가 요즘 사춘기가 맞는 모양인지…."

"아이고, 영주가 울었다니… 마음이 아프네요."

"지금까지 영주한테 손 한 번 안 대고 키웠거든요. 근데 저를 보고 대드는데 얼마나 놀랬는지…."

몇 번의 일탈을 반복하며 중학교를 마친 영주는 예고에 합격했다. 예고를 졸업하고는 또 음대에도 합격했다. 거기가 끝이 아니었다. 유럽으로 유학을 간 것이다. 그동안 영주 어머니를 극성이라고 흉보던 사람들은, 역시 엄마가 강하게 이끌어주면 아이는 엄마 뜻대로 자라게 되는 모양이라고 부러워했다. 나 역시 피아노 없는 세상에서 살고 싶다고 일기를 쓰던 영주가 위기를 잘 넘겼구나 싶어 기뻤다.

영주가 유학을 간다는 소식을 들었을 즈음 나는 다른 지역으로 전근을 가게 되었다.

◇◆◇

영주네와 연락이 끊어지고 여러 해가 지난 어느 날, 서른을 갓 넘은 영주가 느닷없이 나를 찾아왔다. 그런데 아무리 봐도 유학을 마치고 금의환향한 피아니스트 같지 않았다.

"제 아이가 내년에 초등학교에 입학하거든요. 저도 이제 학부모예요, 선생님. 호호호."

"초등학교? 야, 인마. 네가 지금 몇 살이지…? 너 유럽으로 유학 가지 않았어?"

"갔었죠. 아주 잘 갔다 왔어요."

놀란 나의 반응에 영주는 한참을 깔깔거렸다.

영주는 유럽에서 대학에 다니며 여행도 하고 처음으로 엄마의 간섭에서 벗어난 자유를 느꼈다고 한다. 하지만 외국에서 혼자 생활하면서 공부까지 하는 건 외로운 싸움이기도 했다. 그러다 요리를 배우러 온 한국인 남자 친구를 사귀고 함께 살기 시작했다. 학비와 생활비를 보내주는 엄마를 생각할 때마다 죄스러운 마음이 들었지만, 행복도 포기할 수 없었다고 한다. 그러던 중 뜻하지 않게 아이가 생겼다. 영주는 학업을 포기하고 남자 친구와 결혼할 마음으로 아기를 안고 귀국했다고 한다.

"엄마요? 까무러쳤죠. 저를 어떻게 키웠는데요… 피아니스트는커녕 애를 안고 왔으니까요. 그것도 대학도 안 나온 남자랑요."

영주 어머니는 식당 문까지 닫고 영주를 집에 가뒀다고 한다. 애는 애 아빠에게 줘버리고 당장 유럽으로 돌아가 다시 공부하라고 했다. 화도 내고 눈물로 애원도 했지만 소용없었다. 영주는 집을 나와 아이를 키우며 피아노 학원을 열었고 아이 아빠는 식당에 취직을 했다.

엄마가 조금 더 너그럽게 영주를 키웠어도 영주는 피아노를 포기했을까. 영주의 재능은 엄마의 강한 훈육에서 나왔던 걸까. 꿈을 이루기 위해 하기 싫은 걸 참으며 성장기를 보내도 괜찮을까.

부모가 아무리 자식의 삶을 조종하려 애써도 결코 자식을 뜻대로 만들 수 없다. 아이가 어릴 땐 생존을 위해 부모를 따를 수밖에 없지만 성장하고 나면 결국 자신이 원했던 삶을 찾아가기 때문이다.

경쟁이 심한 우리 사회에서 아이를 키우는 동안, 많은 보호자들이 영주 어머니처럼 해야 한다는 의무감을 느낀다. 교육 계획을 짜고 아이의 동선에 맞춰 친구들을 조직하며 허튼짓을 하지 못하도록 감시한다. 어느 모임에 가도 아이 교육을 화제로 삼으며 내 아이에게 필요한 정보를 찾아다닌다. 이거다 싶은 걸 발견하면 아이에게 적용해본다. 이 결정 과정에서 아이의 의사는 중요하지 않다.

자식이란 끊임없이 딴짓하고 싶어하는 존재라서 늘 의심하고 금지하고 닦달해야 한다고 말하는 이들도 있다. 사춘기가 오고 아이의 본성이 드러나기 전에 부모가 만든 바람직한 아이의 모델을 주입해야 한다는 것이다. 로봇을 만드는 것이다. 그렇게 못 하면 좋은 부모가 아닌 것 같다고 생각한다. 자식을 제대로 키우지 못하면 나중에 원망을 들을지 모른다고 공포심을 느끼기도 한단다.

이 사회의 부모에게는 자식에 대한 이상이 하나씩 있다. 그 세계로 아이를 무사히 데려다주겠노라 현혹하는 교육 시장도 가까운 곳에 있다. 자식이 잘되길 바라는 마음을 누가 비난할 수 있을까.

피아니스트가 되지는 못했지만, 영주는 건강하고 편안해 보였다. 그러나 딸을 받아들이지 못하는 엄마를 용서하고 다시 왕래하게 되기까지 10년이 넘는 오랜 시간이 걸렸다.

영주가 만약 엄마가 바라는 대로 했다면, 엄마가 이끌어 교대에 간 오빠처럼 엄마 뜻대로 피아니스트가 되었다면 어땠을까? 영주는 지금보다 나은 인생을 살게 되었을까? 그 '나은 인생'이라는 것을, 본인 아닌 그 누가 평가할 수 있을까.

폭력적인 아이의 속사정

4학년 교실의 쉬는 시간.

아이들 서너 명이 컴퍼스를 꺼내 원을 그리며 놀고 있다. 그런데 한 아이의 컴퍼스 조임쇠가 풀렸는지 연필이 빠진다. 아이가 다시 연필을 끼우고 조임쇠를 조여보지만 잠시 후 다시 빠진다.

아이는 옆 친구에게 도움을 요청한다. 그런데 옆 친구 대신 뒷자리에 앉은 예준이가 "줘봐, 내가 고쳐줄게."라며 컴퍼스를 낚아챈다. 컴퍼스 주인인 아이는 불편한 표정이지만 부드러운 말투로 어서 돌려달라고 말한다. 하지만 예준이는 돌려주지 않는다. 아이가 컴퍼스를 가져가려고 손을 뻗자 이번엔 몸을 돌려 막으며 말한다.

"아, 진짜! 내가 고쳐준다니까!"

마음이 급했는지 예준이의 손이 빨라진다. 그게 탈이었을까, 컴퍼스 조임쇠가 덜컥, 빠지고 만다. 다시 끼워보지만, 구멍이 더 헐거워져 아예 연필이 고정되지 않는다. 참다못해 아이가 소리친다.

"야, 내 컴퍼스 망가졌잖아!"

"아니야. 원래 빠갈나(부서져) 있었어."

"아니거든. 니가 뺏기 전에는 완전 망가지진 않았거든. (주변 아이들에게) 야, 너네도 봤지?"

주변 아이들이 컴퍼스를 빼앗긴 아이 편을 들자 예준이는 씩씩거린다.

"웃기시네. 내가 언제 뺏었냐? 야, 니들 씨발 개뻥치지 마라. 우리 아빠한테 처맞기 싫으면."

나는 방과 후에 예준이를 남겨 상담했다.

"선생님이 널 왜 남으라고 했는지 아니?"

예준이는 짜증을 냈다.

"아, 됐고요. 저 학원 가야 된단 말이에요. 빨리 가야 되는데. 진짜예요."

"학원에 늦으면 안 되나 보구나?"

"안 되죠. 제가 학원에 들어가면 엄마 핸드폰에 알림이 딱! 떠요. 늦으면 안 돼요. 늦게 가면 혼난단 말이에요."

"혼날까 봐 걱정되니?"

"네, 늦으면 터져요. (자기 머리를 때리는 시늉을 하며) 죽음이죠."

"그럼 빨리 생각해야겠네. 널 왜 남으라고 했는지."

아이는 반항을 포기한 듯 말한다.

"알아요. 제가 컴퍼스를 고쳐주지 말아야 되는데 괜히 나대서요. 이제 가도 되죠?"

"잠깐만, 나대는 게 어떤 거야?"

"가만있어야 되는데 막 자기 맘대로 하는 거요."

"가만있으려고 했는데 잘 안 됐니?"

"네, 근데 오늘은 제가 걔한테 해줄 차례거든요."

"해줄 차례?"

"걔가 지난번에 과자 사줬으니까요. 근데 전 돈이 없거든요. 그래서 컴퍼스를 고쳐줄라 그랬죠."

두 아이는 평소 단짝이다. 하지만 화가 나면 폭발해버리는 예준이로 인해 둘의 관계에는 피로감이 쌓여가고 있다.

친구에게 뭔가 해주고 싶어서 컴퍼스를 고쳐주고 싶었다

는 예준이의 마음은 진심일 것이다. 그러나 분노가 조절되지 않는 한, 선의라 해도 받아들여지기 어렵다.

의도한 대로 컴퍼스가 잘 고쳐졌다면 좋았을 텐데. 그랬다면 둘의 관계는 더 돈독해질 수 있었을 것이다. 아이들의 세계 또한 어른들의 경우처럼 마음대로 안 되는 게 많다.

친구의 물건을 고쳐주고 싶은 열정만큼 제대로 고치지 못했을 때 미안한 마음을 보여줄 용기도 있었다면 어땠을까. 아이는 어쩌다 열정만 키우고 사과할 용기는 키우지 못하게 되었을까.

며칠 뒤 점심시간.

운동장에서 아이들 서너 명이 공놀이를 하고 있다. 아이들은 가위바위보로 순서를 정하고 각자 적당히 떨어져 서서 차례로 공을 패스했다. 공을 잘 받는 친구에겐 박수도 쳐주고 아쉽게 놓쳐도 서로 주워다 주며 즐거워한다.

그때 예준이가 와서 같이 하자고 말한다. 아이들은 끼워주기 싫은지 선뜻 응답하지 않는다. 그러자 예준이가 갑자기 공을 낚아채더니 운동장 밖으로 뻥 차버린다. 아이들은 당장 공을 주워 오라고 소리친다. 하지만 예준이는 무시하고 교실로 들어가려 한다. 아이들이 재차 붙잡으며 공을 주워 오라고 하자 예준이는 거칠게 뿌리치며 욕을 한다. 아이들이 교실로 달려왔다.

"선생님, 예준이가 제 공 뺏었어요. 그런데 운동장 밖으로 뻥 차버렸단 말이에요. 주워 오지도 않고요."

"뭐, 그런 일이 있었어?"

내가 놀라자 예준이가 다가와 말한다.

"야, 니들이 나만 못 놀게 하고 따돌리니까 그렇지. 선생님, 따돌리는 것도 학교 폭력이죠?"

"친구들이 너를 따돌렸니?"

그러자 다른 아이가 나선다.

"아니에요. 야, 그게 무슨 따돌리기냐? 니가 맨날 나대니까 그렇지."

예준이가 발끈한다.

"뻥치시네. 넌 빠져라. 병신 같은 게."

아이들이 웅성거린다.

"선생님, 쟤 욕해요. 쟤 아까 운동장에서도 욕했어요. 병신 새끼 꺼지라고."

예준이는 벌컥 화를 내고 만다.

"그래, 욕했다, 시발 새꺄. 어쩔래! 니네가 나 안 껴줬잖아! 선생님! 안 껴주는 것도 따돌린 거 맞죠?"

"쟤 좀 봐요. 지가 불리하면 꼭 저러잖아요. 지가 잘못했으면서 엄마한테 이르고."

나는 예준이에게 물었다.

"근데 공을 찬 건 너 맞니?"

"네, 근데 잘못 차서 그런 거예요. 운동장 밖이 아니라 하늘 쪽으로 찬 건데."

"공이 어디로 날아갔는지 아니?"

"네, 알아요."

"그래?"

나는 예준이의 손을 잡았다.

"그럼 선생님하고 공 찾으러 가자."

예준이는 손을 잡아 뺐다.

"제가 왜 가요? 내 공도 아닌데? 공 주인더러 찾으라 그래요."

나는 다시 손을 잡았다.

"선생님은 너랑 갈 거야."

예준이는 주변 아이들을 의식하며 손을 빼려 애썼다.

"아야! 손 놔요. 손목 아프단 말이에요. 경찰에 신고할 거예요!"

"아프게 잡았다면 미안해. 그래도 선생님은 너랑 갈 거야"

아이는 내키지 않는 표정이었지만 할 수 없이 따라나섰다.

교실에 있을 때 기세등등하던 아이는 담임교사와 단둘이 되자 제법 누그러진 표정이다.

나는 아이에게 물었다.

"선생님이 왜 너랑 공을 찾으러 가는지 알겠니?"

예준이는 여전히 기분 나쁜 표정이다.

"저야 모르죠."

"아이고, 어떡하지? 그 이유를 말해야 널 집에 보내줄 건데."

"네? 저 오늘 학원에 빨리 가야 된단 말이에요."

"그래? 그럼 이유를 빨리 생각해야겠구나."

예준이는 잠시 생각을 하다 풀이 죽은 표정으로 말한다.

"이유 알아요. 제가 애들 공을 뻥 차서요."

"왜 그랬는지 물어봐도 되니?"

"애들이 저는 안 껴주고 자기들끼리만 놀잖아요."

"그래서 화가 났니?"

예준이가 갑자기 흐느낀다.

"따돌림 받으면 화가 나죠. 걔네가 먼저 잘못했어요. 따돌리는 거 학교 폭력이잖아요. 걔네가 잘못했는데 왜 저한테만 뭐라 그래요?"

나는 아이의 눈물을 닦아주었다.

"걔네가 너를 껴주면 너도 잘해주려 그랬구나?"

"네."

"친구들이 먼저 놀고 있을 때 네가 같이 놀자고 하는데 만약 친구들이 싫다고 하면… 싸워서라도 같이 노는 게 좋을까, 다른 친구를 찾아보는 게 좋을까?"

"다른 친구를 찾아야죠. 근데 친구를 따돌리는 애들은 나쁜 친구잖아요. 친구 자격도 없는 애들이래요."

"누구한테 들었어?"

"엄마요. 그런 애들이랑 놀지 말랬어요."

"엄마는 왜 그런 말씀을 하셨을까?"

"걔네랑 놀면 자꾸 싸우니까요. 싸우면 걔네 엄마가 우리 엄마한테 전화하잖아요. 그럼 엄마는 아빠한테 이르거든요."

"아빠는 어떻게 하시니?"

"…혼내죠."

"아이고, 그런데 어쩌나? 너 오늘 싸웠잖아."

"싸운 거 아니에요. 그냥 공 좀 뻥 찬 거죠. 때리지도 않았잖아요."

"너도 친구들도 화나서 말도 안 하잖아. 그게 싸우는 거야."

"아니라니까요. 왜 선생님 마음대로 싸웠다 그래요."

"그런 걸 싸웠다고 할지 안 싸웠다고 할지를 결정하는 사람이 우리 교실에 딱 한 명 있어. 그 사람이 누굴까?"

"…선생님?"

"맞아, 그리고 선생님이 생각하는 너의 잘못이 하나 더 있어."

"아, 또 뭔데요?"

"고운 말 안 쓰고 욕한 거."

"욕 안 했어요."

"했어."

"언제 했다고 그래요? 아, 짜증 나!"

"욕을 하는 사람과 들은 사람 중에 누가 더 기분이 나쁠까?"

"들은 사람이 더 기분 나쁘겠죠."

"욕을 듣고 기분이 나쁜 기억은 금세 잊힐까, 잘 안 잊힐까?"

"잘 안 잊히겠죠."

"그럼 교실에 가서 친구들에게 물어보면 알겠네. 친구들은 네 욕을 아직 기억할 거야."

"아, 안 돼요. 싫어요! 제가 그걸 왜 물어봐야 되는데요?"

"어떤 욕을 했는지도 말하고 그게 잘한 건지, 잘못한 건지도 말해야 집에 갈 수 있으니까."

"아, 생각났어요. 그러니까 지금 선생님한테 말하면 되는 거죠?"

"아니, 교실에 가서 친구들에게 먼저 물어보고 말해."

"생각났다니까요. 여기서 말하면 되잖아요."

"안 돼. 친구들에게 먼저 물어보고 말해."

예준이는 주저앉아 울기 시작했다.

"싫어요, 교실 안 갈래요."

"어서 교실로 가자."

"싫어요!"

"선생님이 셋을 셀 거야. 그래도 안 일어나면 네 엄마한테 전화를 해서 네가 선생님 말을 안 들어서 그러는데 너를 번쩍 안아서 교실로 데려가도 되나요? 하고 여쭌 다음에 그렇게 할 거야. 하나, 둘⋯."

내가 전화를 꺼내 주소록에서 예준이 엄마의 번호를 찾자 예준이는 재빨리 일어섰다. 나는 아이의 눈물을 닦아준 뒤 손을 잡고 교실로 향했다.

예준이는 순순히 따라가서 친구들에게 자기가 어떤 욕을 했는지 묻고 사과했다.

◇◆◇

예준이는 구석에 몰린다 싶을 때마다 느닷없이 분노를 뿜어낸다. 분노는 한번 시작되면 쉽게 진정되지 않는다. 그래서 작년에 예준이와 같은 반이었던 아이들은 예준이 근처에 가지 않으려 한다. 그런데 정작 예준이는 친구들의 마음을 모르나 보다. 같이 놀고 싶었는데 거부당하자 화가 난 모양이다. 그래서 공을 멀리 차버리고 욕도 했을 것이다.

저학년 때까지 자신을 향해 있던 아이들의 관심은 성장하면서 서서히 주변 세계를 향해 방향을 튼다. 국어, 수학, 즐거운 생활, 슬기로운 생활, 바른 생활이면 충분하던 저학년과 달리 3학년부터는 도덕, 사회, 과학, 음악, 미술, 체육뿐 아니라 영어까지 교육과정에 추가되는 것도 이런 발달에 따른 것이다.

이 시기 아이들의 정신은 교과뿐 아니라 세상의 다양한 것들을 향해 촉수를 뻗는다. 친구에 대해서도 마찬가지다. 하지만 아직 친구 마음을 얻는 기술은 갖추지 못했기 때문에 크고 작은 갈등이 생기게 마련이다.

아이들은 이런 상황을 두려워한다. 갈등에 휘말리면 신경 쓸게 많고 자칫하면 싸움이 나거나 미움을 받는 등 마음고생을 하기 때문이다. 친구들이 나를 좋아할지 확신할 수 없어 특히 말 조심, 행동 조심을 하며 서로 눈치를 본다.

간혹 예준이처럼 세게 나가는 아이도 있다. 떠오르는 대로 거침없이 행동하고 순간마다 느끼는 감정을 욕으로 드러내는 것이다. 이렇게 거칠게 나가면 다른 아이들은 멈칫한다.

하지만 예준이 눈엔 아이들이 자신에게 굴복하는 것처럼 보일 뿐이다. 겁을 먹는 아이들에게 더 센 모습을 보여주는 것이다.

예준이 같은 아이 주변에 일부러 모여드는 아이들도 있다. 센 아이를 중심으로 강한 결속을 유지하고 싶은 아이들인데, 대체로 예준이와 비슷한 성향이거나 예준이를 롤 모델로 삼은 경우다. 자기도 센 모습을 보여주고 싶은데 차마 용기가 나지 않는 아이들. 이런 아이들은 예준이 근처를 맴돌며 행동을 흉내 낸다.

예준이의 보호를 받고 싶어서 모여드는 아이도 있다. 이들은 예준이의 싸움 능력이나 거침없이 욕을 하는 패기를 선망하며 칭송한다. 아울러 자신은 차마 하지 못하는 일탈 행동을 하는 예준이의 모습에 대리만족을 느낀다. 일탈의 정도가 클수록 멋있다고 생각하며 자기도 언젠가 그렇게 멋지게 싸우거나 욕을 하는 상황을 상상하며 들뜬다.

보통 이런 아이들은 결속력도 강하다. 자기들이 하는 행동이 떳떳하지 않다는 열등감 때문에 더 똘똘 뭉치기도 한다. 친구에게 험악한 표정을 짓거나 욕을 하는 행동은 스스로 생각해도 부끄럽다는 걸 안다. 부끄러움을 이기자면 혼자보다 여럿이 쉽다. 서로의 행동을 격려하고 합리화하기 위해 더

욱 결속한다.

　대부분의 아이들은 예준이를 멀리한다. 같이 어울리기엔 뭔가 불길하다고 느끼는 것이다. 분위기를 보아하니 선생님도 그다지 좋아하는 것 같지 않고 친구들도 피하니 일단은 거리를 두려 한다. 그러나 예준이의 행동이 어딘가 위험해 보여서 거부감이 드는 것일 뿐 나쁘다는 판단은 못 하기도 한다. 그래서 직접 나서서 예준이를 나무라거나 간섭하지 않는다. 예준이가 보복할지도 모르기 때문이다. 그렇다고 교사에게 말하자니 예준이와 관계가 불편해진다. 그래서 자기에게 피해를 주지 않는 한, 그냥 모른 척한다.

　예준이는 자기가 이미 교실에서 제일 세다고 생각하기 때문에 주변 아이들이 왜 자신을 슬슬 피하는지 알아보려 하지 않는다. 오히려 아이들이 자기를 무시한다고 생각해서 더 센 모습으로 확실하게 군림하려고 한다. 싸울 상황을 만들어 싸움 실력을 보여주거나 욕하는 모습을 노출하는 것이다.

　반 아이들에게 물리적으로 군림하는 단계를 넘어서면 다음 대상은 교사다. 이런 아이가 교사에게 대드는 건 교사에게 시비를 걸려는 목적보다는 자신의 배짱을 친구들에게 보여주려는 의도가 크다. 너희들이 무서워하는 선생님과 '맞짱 뜰 수 있는 존재'라는 걸 알리고 싶은 것이다. 맞짱이 불가능하다면 반항이라도 할 수 있다는 걸 보여주려 한다. 그래서 일부러 교사의 지시를 못 들은 척하거나 깐죽거린다.

아이가 이렇게 나오면 교사는 훈육을 하게 마련이다. 하지만 아이는 개의치 않는다. 교사의 훈육이라는 게 어디까지나 말로 설득하는 수준일 뿐, 그 이상은 법으로 금지되어 있다는 걸 잘 알기 때문이다.

설령 교사에게 심하게 혼이 나더라도 상관없다고 생각한다. 그럴수록 친구들이 자신을 더 센 아이로 인정할 거라고 믿기 때문이다. 친구들의 선망이 강할수록 아이의 위상은 올라갈 것이다. 결국 폭력적인 아이는 친구들이 함께 만들어낸 결과물이다.

폭력이 다른 사람을 통제하는 데 얼마나 매력적인 수단인지를 알아버리면 그걸 포기하긴 쉽지 않다. 어린 나이에 이런 경험을 한 아이는 어떤 어른이 될까.

예준이는 어쩌다 거친 아이가 되었을까.

우선 성장 과정을 들여다봐야 한다. 보호자와 상담해보면 실마리가 잡힐 것이다.

"어릴 때부터 머리 좋다는 말을 들었어요. 그런데 말은 잘 안 들었어요. 야단도 많이 쳤는데 굴복을 안 하고 버티더라고요. 기가… 센 것 같아요."

예준이 어머니는 상담 내내 한숨을 쉬었다. 나는 조심스럽게 말을 이어갔다.

"어린아이 입장에서 어른에게 반항하는 게 쉽지는 않습니다. 그래서 보통 어린아이들은 싫어도 엄마 말을 따르거든요. 그런데 예준인 안 그랬다면… 그럴 만한 이유가 있었을 것 같아요. 예준이가 굴복하지 않는 기질이어서 그럴 수도 있고 엄마가 만만해서 그럴 수도 있을 겁니다."

"제가 좀 단호하게 야단을 못 치는 편이긴 해요. 저에게 야단맞으면 세 살 터울 동생에게 화풀이를 하더라고요. 그래서 야단치는 걸 망설이게 되었죠."

"동생하고 관계는 어떤가요?"

"동생이 꼼짝 못 해요. 동생이 그나마 순하니까 다행이죠."

"오빠가 무서워서 순한 척하는 건지도 모르겠어요. 1학년 아이가 오빠한테 순한 경우는 없거든요. 동생도 잘 살피셔야 합니다."

"그래도 다행히 동생이 순해서…."

"둘이 다툴 때 어떻게 중재하시나요?"

"둘 다 야단치죠. 예준이가 동생한테 화를 내면 제가 동생을 따로 데리고 있기도 하고요."

"예준이가 엄마에 대한 공격성을 동생에게 드러내는 것처럼 느껴지네요. 훈육하실 때 예준이의 태도는 어떤가요?"

"아이고, 제 말은 잘 안 들어요. 꼬박꼬박 말대꾸하고 말도 안 되는 이유를 대면서 저를 화나게 하죠."

"혹시 엄마한테 반항하는 과정에서 욕을 하기도 하나요?"

"네, 가끔요. 일부러 하는 것 같지는 않은데 게임을 못 하게 하거나 아빠한테 이른다고 할 때요."

"습관적으로 욕을 한다기보다는 구석에 몰린다고 느낄 때 욕이 나오나 봐요. 잘못된 점이긴 하지만 예준이 나름대로 자신을 보호하려는 안간힘이겠네요. 예준이의 훈육은 그럼 아빠가 하시겠군요? 아빠 말은 잘 듣나요?"

"네, 아빠가 야단칠 땐 무섭게 야단치거든요."

"아빠의 훈육 효과는 어느 정도라고 생각하시나요?"

"효과는 있어요. 말 안 들으면 때리니까요. 맞으면 잘못했다고 싹싹 빌거든요."

"그런 방식은 훈육이라기보다는 폭력을 학습시키는 결과를 가져올 수 있습니다. 양육과 돌봄은 주로 엄마가 하시는데… 엄마와 생활하며 생긴 문제로 아빠에게 혼난다면 예준이가 혼란스러울 것 같아요."

"네, 그래서 더 저한테 대드는 것 같아요. 근데 제 말은 안 들으니 방법이 없네요."

폭력 성향을 띠는 아이들(특히 남자아이들) 대부분은 가정에서 주 양육자(보통 엄마)의 훈육이 통하지 않는다. 엄마와 상담해보면 아이를 힘겨워하는 게 보인다. 아이를 이기지 못하는 것이다. 교육적 기준점을 잃고 아이에게 끌려 다닌다. 아이 요구를 끝없이 들어주다 보니 잘못을 바로잡을 훈육 시점도 놓친다.

그러다 보면 아이는 해도 되는 것과 하면 안 되는 것을 구별하는 경험, 상대의 기분을 살펴 하고 싶은 행동을 유보하거나 양보할 때 받는 칭찬과 인정, 당장은 참아야 하지만 나중에 더 크게 다가오는 보람과 즐거움을 배우지 못한다.

아이들은 엄마가 어떨 때 약해지는지 본능적으로 안다. 애원해서 안 되면 떼쓰고 그래도 안 되면 동생을 괴롭히거나 심지어 욕을 내뱉는다. 자신이 그럴 때 엄마의 마음이 흔들리는 것도 안다. 어떻게든 약점을 잡고 자기에게 유리한 방향으로 몰고 간다.

아이를 비난할 수는 없다. 이 시기의 아이는 자신의 이기적인 행동 때문에 엄마가 힘들 거라는 걸 모른다.

걱정스러운 건 예준이에게 엄마는 세상에 태어나 최초로 만난 사회적 대상이라는 것이다. 아이들은 처음 관계 맺은 사람과 경험했던 방식대로 다음 사람과 관계를 이어간다. 양육에서 애매한 태도를 지닌 엄마와 밀고 당기면서 자신의 요구를 관철하는 연습을 한 예준이는 동생이나 친구들 또한 그렇게 대할 것이다. 더 나아가 살면서 만나는 수많은 사람들과도 이런 관계 맺기 방식이 통할 거라고 생각한다.

결국 힘겨워진 엄마는 아빠에게 훈육을 미루기 시작했다. 이제 아빠와 상담해야 할 차례다.

예준이 아버지는 예준이에 대한 이야기를 전해 듣고 놀라는 기색이었다.

"예준이가 엄마랑 티격태격하는 건 알았는데… 욕까지 한 줄은 몰랐습니다."

"엄마에게 욕을 하는 정도라면 단순히 엄마에게 반항하는 수준을 넘어섰다는 느낌이 듭니다."

"보통은 떼를 쓰다 말지 않나요? 하… 무슨 애가 엄마한테 욕을…"

나는 예준이 어머니에게 물었다.

"예준이가 엄마에게 욕한 일은 아버님께 말씀하시지 않으셨나 봐요."

"말을 하면 아빠가 심하게 때리고 야단을 치니까요. 그것 때문에 예준이가 비뚤어지면 어떡해요?"

예준이 아버지가 한숨을 쉬었다.

"애 엄마 마음도 이해는 갑니다. 그래도 자꾸 애를 감싸기만 하니 교육이 안 되죠."

"이 시기 아이들의 욕은 어른의 욕과는 좀 다릅니다. 툭 뱉은 것일 수도 있는데 부모님이 놀라시니까 아이는 나름, 이 방법이 통한다고 생각할 수도 있습니다. 중요한 건 욕을 하고자 하는 속마음을 알아채는 겁니다."

"애 엄마가 오냐오냐하니까 예준이가 더 말을 안 듣는 것 같아요. 엄마가 좀 딱 부러지게 대처하면 좋겠는데 잘 안 되네요."

"그래서 아버님이 더 세게 야단치시게 되었군요?"

"네, 저라도 안 잡아주면 더 나빠질까 봐…."

어머니가 남편의 눈치를 보며 말했다.

"제 말을 안 들을 땐 아빠한테 말해서 혼 좀 내주라고 하다가도 아빠한테 혼나는 걸 보면 저는 또 힘들어지는 거예요. 그래서 더 감싸게 되고…."

"당신이 그게 문제야. 아빠가 야단칠 땐 엄마가 아빠 편을 들어야지. 예준이 편을 드니까…."

"당신은 그럼 예준이를 앉혀놓고 차근차근 타이르면 되잖아. 다짜고짜 소리 지르고 때리고 애를 울리면 그게 훈육이 돼?"

나는 두 분을 진정시키고 말을 이어갔다.

"두 분이 예준이를 이렇게 걱정하시는데 아직 어린 예준이가 이런 마음을 이해할지 모르겠습니다. 예준이는 아빠가 자기 말도 안 들어주고 때리는 사람, 엄마는 자기를 아빠에게 이르는 사람이라고 말하던데요. 둘 다 자기 편이 아니라고 생각하는 거지요."

부모의 양육 태도가 서로 다를 때 의견 대립이 생긴다. 우리나라의 양육 환경에서 비난받는 쪽은 주로 엄마다. 엄마가 아이 하나 제대로 못 키워서 버릇없고 자기밖에 모르는 요즘 아이들이 생겨난다는 것이다.

하지만 아이를 먹이고 입히고 재우는 과정을 온몸으로 해내면서 맺고 끊어야 할 시점을 명확히 구분할 수 있는 엄마가 몇이나 될까? 여기에 아이의 기질이 더해지면, 엄마는 더 힘들어진다.

아빠들은 엄마가 좀더 단호하면 아이 문제가 해결될 것 같아 엄마를 나무라기도 하는데, 이런 태도는 교육적이지 않다. 아빠에게 무시당하는 엄마를 보면 아이가 엄마 편을 들어주려 할 것 같지만, 현실은 그렇지 않다. 아이는 엄마가 '무시당해도 되는 존재'라고 생각한다. 그리고 이런 생각들이 모여 아이의 정체성을 만든다.

더 늦기 전에 아이의 정체성을 바꿔주어야 한다.

예준이 부모님과 함께 몇 가지 약속을 정해보았다.

우선 아빠는 예준이에게 자신을 사랑하고 걱정하는 사람으로 인식되어야 한다. 그러기 위해선 엄마 말만 듣고 예준이를 야단치던 습관을 바꿔야 한다. 또 야단칠 일이 생겨도 아이의 해명을 충분히 들은 다음 행동을 고칠 기회를 먼저 준다. 야단치기 전에는 먼저 충분히 설명을 하고 분명한 어조로 말한다. 평소엔 예준이가 좋아할 만한 놀이를 준비해서 함께 놀아준다.

그러면 예준이는 자신의 잘못을 아빠에게 해명하는 경험을 통해 속에 쌓였던 불만을 해소하는 한편, 아빠가 자신에 대해 어떤 걱정을 하고 있는지도 알게 될 것이다. 또 자신과 놀아주기 위해 애쓰는 아빠에게 감사하게 될 것이다.

아빠에 비해 양육 비중이 높은 엄마와는 좀더 구체적인 약속을 정했다. 현재 예준이를 대하는 엄마의 태도가 일관적이지 않고 애매해서 분명히 전달되지 않고 반항심을 불러일으키기 때문이다. 아이가 이해할 수 있게 구체적으로 훈육을 하되 훈육이 시작되면 중간에 흐지부지 끝내지 말고 예준이가 스스로 잘못을 인정하고 다신 똑같은 행동을 하지 않겠다고 결심할 때까지 계속한다.

예준이가 욕하고 반항하는 건 엄마의 집중력을 분산하고 논점을 흐리려는 의도이므로 모른 척하기로 했다. 성공하면 예준이는 엄마의 훈육 의지를 알고 반항을 포기할 것이다.

예준이가 동생을 괴롭힐 때에도 애매하게 야단치고 넘어가지 말고 구체적으로 잘못을 따지기로 했다. 동생도 오빠 앞에서 속마음을 말하게 한다. 괴롭힘을 당하는 아픔을 예준이가 느낄 수 있게 하는 것이다.

동시에 동생과 오빠가 함께 즐거워할 수 있는 일을 만들어 어울릴 수 있게 한다. 또한 예준이에게 오빠 노릇을 할 수 있는 역할(가령, 동생 데리고 어린이 도서관에 가서 책 읽어주고 오다가 아이스크림 사주라는 부탁)을 부여하고 역할을 잘하면 칭찬한다. 예준이는 든든한 오빠로서 뿌듯함을 경험하게 될 것이다.

결국 오누이의 친밀함은 가족공동체라는 연대감에서 온다. 연대감을 경험한 아이는 연대가 깨지지 않도록 지키고 싶다는 마음을 갖게 된다. 건강한 정체성은 이 과정에서 자란다.

◇◆◇

폭력적인 아이는 왜 생겨날까. 폭력적으로 행동하지 않으면 친구들이 내 말을 안 들어줄까 봐, 나를 약한 존재로 여길까 봐 불안해서다. 이런 아이들은 겉으로는 강해 보이지만, 막상 상담해보면 자존감이 낮다.(친구에게 시비 거는 이유 대부분이 사실은 그 친구와 놀고 싶어서다.)

자존감이 높으면 굳이 존재를 증명할 필요가 없다. 자기를 드러내고는 싶은데 아무도 알아주지 않으니까 욕을 하거나 폭력적인 모습으로 자신을 치장한다. 친구의 마음을 얻으려고 선물 공세를 하는 아이와 폭력적인 태도를 보이는 아이의 심리는 결국 같다.

폭력 대신 친절함이나 배려심을 선택하면 좋으련만, 안타깝게도 이런 아이에게는 쉽지 않다. 친절이나 배려심은 성향과 관계가 있어서 어느 정도는 타고나거나 성장 과정에서 적절한 교육으로 습득해야 하는데 그럴 기회를 얻지 못한 것이다.

예준이만 해도 엄마, 아빠의 세심한 양육을 받지 못했다. 승부욕 강한 성향으로 태어났지만, 승부욕을 성장 동력으로 바꾸는 방법(보통 승부욕 강한 아이가 공부를 잘한다)을 교육받지 못했고, 승부욕을 드러내 다툴 때마다 마음을 이해받는 대신 야단을 맞으며 자랐다. 이유도 모른 채 친구들이 자기를 멀리하는 경험을 했고, 아빠에게 맞았다. 가엾게도 자존감을 키울 형편이 안 되었다.

앞으로 엄마가 예준이의 감정을 세심하게 읽어주고 감싸준다면, 아빠도 엄마 말만 듣고 때리기보다 아들과 유대감을 쌓아간다면, 예준이는 좋아질 거라고, 그러려면 부모님께서 먼저 굳은 결심을 하셔야 한다고 말씀드렸다.

다행히 지금은 예준이의 자아가 충분히 발달하기 이전이라 금세 좋아질 테지만, 이 상태로 고학년이 되면 예준이의 폭력성은 더욱 고치기가 힘들어질 것이다.

내 경험에 비추었을 때, 폭력적인 아이를 지도할 때 정작 어려운 문제는 아이보다 아이의 보호자였다.

보호자 대부분(특히 아빠들)은 자기 아이의 폭력성을 인정하지 않는다.(교사를 상대로 자존심이 상해서 그런지도 모른다.) 놀다 보면 욕도 하고 주먹도 뻗고 그러면서 크는 거 아니냐며 자기도 어릴 때 그렇게 컸지만 험한 세상에서 잘 살고 있다고 말한다.

그러면서 아이에게 아무렇지도 않게 욕을 하고, 툭하면 쥐어박기도 한다. 아이가 놀이에서 지고 돌아오면 격려나 위로를 해주기보다 면박을 주거나 빈정거리는 방식으로 아이의 승부욕을 자극한다. 그래야 아이가 강하게 큰다고 생각하는 것이다.

이런 보호자들 또한 성장 과정에서 폭력보다 부드러움이 강하다는 걸 경험하지 못해서 아이에게 가르칠 생각을 못 했을 것이다. 이 문제의식을 공유하는 과정이 가장 어렵다.

가정에 비하면 학교에서 아이를 상대하는 건 덜 힘들다. 아이들은 '어지간하면' 교사 말을 들으려고 하니까. 또 일부러 나쁜 짓을 하는 게 아니라 몰라서 그런다.(대부분 알면 바로 고치려고 노력한다.)

예준이의 경우, 친구가 예준이와 함께 놀지 말지는 친구가 결정하는 거니까 놀이를 욕이나 폭력으로 강제하면 안 된다는 걸 이해시키는 과정에서 조금 시간이 걸렸다. (주변에 비슷한 성향의 아이들이 늘 꼬이기 때문에 자기 방식이 틀린 걸 잘 모른다.) 그러나 아이도 점점 받아들이려 애썼다.

더 나아가 친구와 놀고 싶으면 먼저 친절하게 동의를 구하기로 하고 친구에게 말하는 법을 예문으로 만들어 연습했다. 시비가 생겼을 때는 욕을 한 건 무조건 잘못이니 사과하게 했다. 그리고 방과 후에 남아 욕을 하게 된 속마음에 대해 이야기하고 친구에게 편지를 쓰게 했다.

이런 일이 몇 번 반복되자 예준이도 나의 패턴(욕설–사과–속마음 드러내기–욕을 안 하겠다는 다짐의 편지 쓰기)을 알게 되었고, 자연스럽게 행동이 바뀌었다.

예준이가 그동안 친구들과 싸우면서 지키고 싶었던 것이 자신만의 존재감이었다면 앞으로는 가족과의 연대감, 더 나아가 친구들과의 우정을 지키려 할 것이다.

아이에게 삶에서 더 중요한 가치가 무엇인지 일깨워주는 것이야말로 진정한 훈육이 아닐까.

작가의 말

이미 성인이지만, 여전히 눈에 넣어도 안 아픈 딸아이가 네 살쯤 되었을 무렵입니다. 동네 신발 가게에서 빨간 슬리퍼를 사줬습니다. 걸을 때마다 병아리 소리가 났지요.

아이는 신발이 꽤 마음에 들어나 봅니다. '삐약이'라는 이름을 붙여주더니 신발장 대신 보물 상자에 넣겠다는 겁니다. 보물 상자에는 장난감이 가득해서 위생이 걱정되었지만, 아이가 원하는데 못 하게 하자니 마음이 편치 않았습니다. 그래서 아이가 신을 신고 나갔다 올 때마다 현관에 기다리고 섰다가 물었습니다.

"다인아, 삐약이를 밖에서 신어서 바닥에 뭐가 묻었잖아.

아빠가 화장실에서 깨끗이 닦아도 될까? 그러면 보물 상자에 있는 장난감에 흙이 안 묻을 거 같은데."

"왜? 아무것도 안 묻었어. 내가 흙 묻을까 봐 깨끗한 데만 갔거든."

아이고, 신을 아끼려고 일부러 깨끗한 곳만 골라 밟았을 아이를 생각하니 얼마나 귀엽던지요. 하지만 아무리 그래도 바깥에 나갔다 왔으니 닦기는 해야겠지요.

"아, 그랬어? 그럼 대충 먼지만 털까, 비누 묻혀서 깨끗이 씻을까? 씻으면 새 신 같아질 텐데."

"그래? 그럼 비누로 씻을래."

아이에게 신을 받아 화장실에 가져가 솔로 닦은 다음 보물 상자에 넣어주었습니다.

당시에는 퇴근하면 저녁 먹기 전에 아이와 앞산을 한 바퀴 돌곤 했습니다. 그런데 아이가 운동화 대신 삐약이를 신고 가겠다는 겁니다.

"아이고, 삐약이 신고 산에 못 가겠는데? 발에 땀 나면 미끄러울 것 같아."

"미끄러워서 못 가겠으면 아빠가 업어주면 되잖아."

"아, 그런가? 그러면 되겠네."

아니나 다를까, 슬리퍼로 등산이 될 리가 없지요. 입구에 들어서기도 전에 아이는 발이 불편하다며 칭얼대기 시작하더군요. 저는 기다렸다는 듯 아이를 업고 산에 올랐습니다. 땀이 많이 흘렸지요. 다음 날도 그다음 날도 마찬가지였습니다. 아이는 삐약이를 신겠다고 했고, 저는 땀을 흘려야 했지요. 하지만 나흘째 되던 날, 아이가 운동화를 신더군요. 삐약이를 왜 안 신냐고 물었습니다.

"산에 갈 땐 안 신을 거야."

"왜?"

"아빠 힘들잖아."

그 일로 아이는 자신의 결정이 다른 사람에게 어떤 영향을 주는지 더 생각하게 된 것 같습니다. 삐약이를 신고 싶은 자기중심적 욕망을 우선하던 아이가 아빠가 힘들 걸 배려하는 마음을 갖게 된 거지요.

무엇이 아이를 변하게 했을까요? 제가 삐약이를 신고 싶은 아이의 욕망을 가볍게 치부하지 않고 오롯이 인정해주면서 불편을 참는 모습을 보여줘서겠지요. 만약 딸아이를 야단치면서까지 운동화를 신겼다면? 아이는 더 이상 욕망을 드러내지 않고 숨기려고 했겠지요.

정체성은 이렇게 만들어집니다. 우리가 아이의 마음을 작은 것 하나까지 알아주어야 하는 이유지요.

건강한 정체성은 아이를 부드럽고 너그러운 사람, 남에게 휘둘리지 않는 사람으로 키워줍니다. 아이들이 당면하는 모든 성장의 순간들은 정체성이 켜켜이 쌓이는 과정입니다.

　31년 동안 아이들을 담임하면서 아이의 정체성이 만들어지는 순간을 수없이 접했습니다. 보호자들에게 이 성장의 장면들을 알리고자 글을 쓰기 시작했습니다.

　모쪼록 세상의 모든 아이들이 야무지고 단단한 정체성을 지닌 어른으로 자라기를 바랍니다.

　책에 소개된 글들이 쉽게 읽힌다면 저의 거친 문장을 매끄럽게 다듬어주신 김남희 편집장님의 노고 덕분입니다. 당장 무엇이든 해결해줄 것 같은 확신으로 가득 찬 책들이 넘치는 요즘, 싱겁고 막연한 제 글은 편집장님의 제의가 아니었다면 출간되지 못했을 겁니다. 끝으로 편집장님이 일하는 동안 참고 기다려준 아가 휘경 군도 고맙습니다.

2022년 9월

송주현

착한 아이 버리기

초등교사의 정체성 수업 일지

초판 1쇄 발행 2022년 10월 7일
초판 7쇄 발행 2023년 6월 29일

지은이 송주현
펴낸이 김효근
책임편집 김남희
펴낸곳 다다서재
등록 제2019-000075호(2019년 4월 29일)
전화 031-923-7414
팩스 031-919-7414
메일 book@dadalibro.com
인스타그램 @dada_libro